U0319613

慢得刚刚好的生活与阅读

日本文具解剖书

（日）吉村茉莉
（日）丰冈昭彦 -著

叶酱 -译

THE ANATOMICAL CHART OF STATIONERIES

化学工业出版社
·北京·

北京市版权局著作权合同登记号：01-2020-2943

图书在版编目（CIP）数据

日本文具解剖书 /（日）吉村茉莉，（日）丰冈昭彦著；叶酱译. -- 北京：化学工业出版社，2024.6
ISBN 978-7-122-45525-3

Ⅰ. ①日… Ⅱ. ①吉… ②丰… ③叶… Ⅲ. ①文具—介绍 Ⅳ. ①TS951

中国国家版本馆CIP数据核字（2024）第085479号

责任编辑：张　曼　王丽丽　　装帧设计：梁　潇　王秋萍
责任校对：李露洁

出版发行：化学工业出版社（北京市东城区青年湖南街13号　邮政编码 100011）
印　　装：北京军迪印刷有限责任公司
710mm×1000mm　1/16　印张 11½　字数 196千字　2025年3月北京第1版第1次印刷

购书咨询：010-64518888　　售后服务：010-64518899
网　　址：http://www.cip.com.cn
凡购买本书，如有缺损质量问题，本社销售中心负责调换。

定　价：78.00元

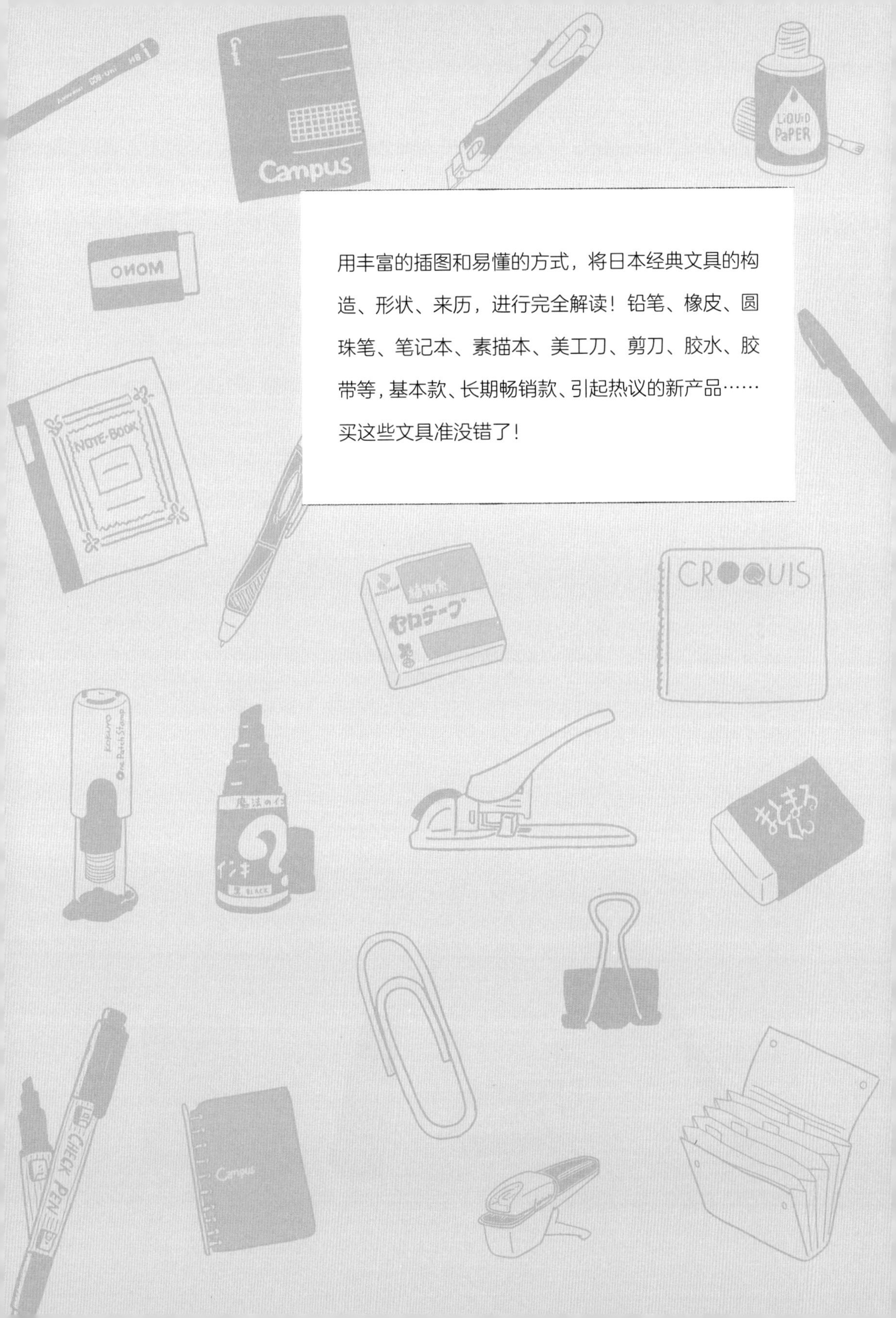

用丰富的插图和易懂的方式，将日本经典文具的构造、形状、来历，进行完全解读！铅笔、橡皮、圆珠笔、笔记本、素描本、美工刀、剪刀、胶水、胶带等，基本款、长期畅销款、引起热议的新产品……买这些文具准没错了！

前言

“文具是什么？”当我们思考这个问题的时候，脑海里可能会冒出来“文房四宝”一词。在古代，“文房”是指文人的书房，书房中一般都备有四样东西——笔、墨、纸、砚，被称为“文房四宝”。换到现代，应该是指铅笔、橡皮、圆珠笔、笔记本之类了吧？

然而，给“文具”一词下定义其实很困难。如今这个时代，当你翻看文具制造商的商品目录时，会发现有各式各样的商品。其中，有不少商品都让人纳闷，“这也算文具？”此外，使用文具的场所也不仅限于书房，还有学校、办公室、工厂、户外的场地等。

综上所述，所谓“文具”，就是在学校和职场使用（自然无须多说），以及文具店售卖的用具。

本书中，我会以日本文具为主线，将常用文具分类别来记述。

基本款、长期畅销款、引起热议的新商品……书中登场的大部分文具，并非特别稀有、特别高级的商品，而是只要去日本的街区文具店就能以合适的价格买到的。不过，无论哪种文具，都是集合了种种技术的精华后才被制造出来的，拥有妙不可言的魅力。

我会在正文中穿插图解，把经典文具的来历、构造、方便使用的理由，以及极力推荐的产品一一做介绍（虽然只占所有文具的很小一部分）。

如果在你挑选文具时，这本书能助你一臂之力，那便是我最大的幸福了。

目录

第一章 关于写写画画的一切

第二章 各种各样的本

第四章　充满细节的分类收纳文具

第一章

关于写写画画的一切

铅笔

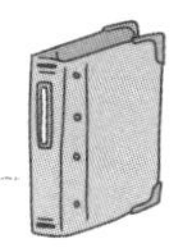

牧羊人发现黑铅！于是铅笔诞生了。

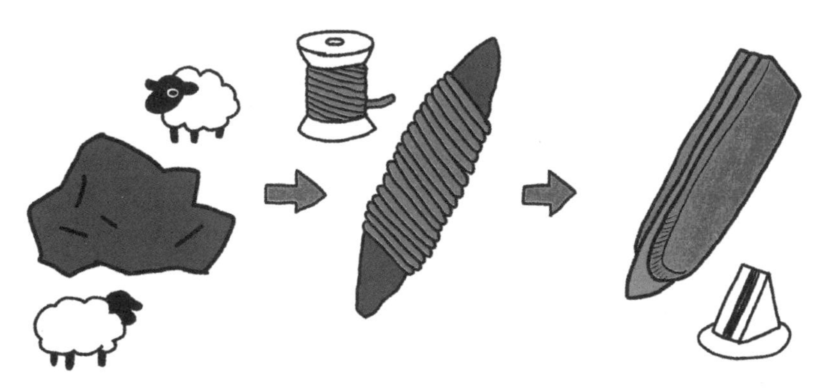

铅笔的历史要追溯到 16 世纪 60 年代的英国。利物浦北部的博罗代尔峡谷，有牧羊人发现了优质的黑铅结晶（graphite，石墨黑铅是当时的称呼），便将其用纸包起来，再卷上细绳，用作记录工具。那之后，木板前端装有黑铅的“铅笔”开始批量生产。随着矿山资源的枯竭，人们又发明了混合黑铅和黏土的“芯”，在木头中间夹上芯，近代的铅笔便诞生了。

日本最早的铅笔拥有者是德川家康

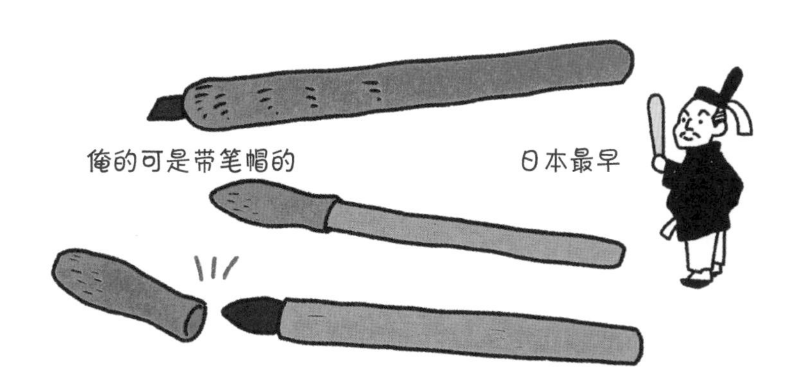

铅笔传入日本，最初由荷兰人呈献给德川家康。那支日本最古老的铅笔作为德川家康的遗物，至今仍保存在博物馆里。

集全世界优选材料而成的铅笔

集全世界优选材料

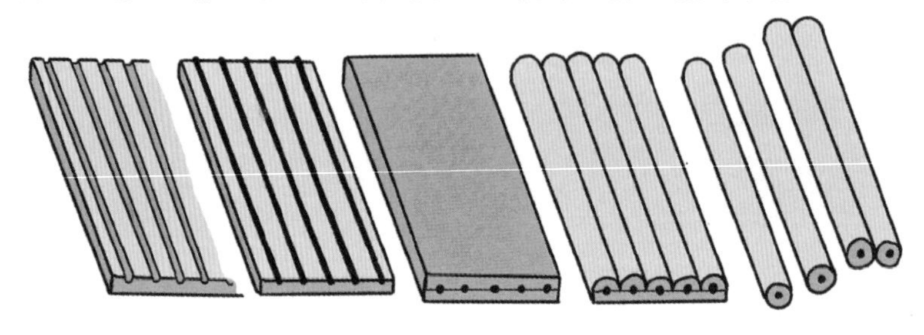

铅笔的芯，是将黑铅和黏土混合后压成圆形烧制而成。黑铅是石炭的同类，主要从中国进口，黏土则使用德国产的。铅笔木材采用北美产的翠柏，它是日本扁柏的近亲，有着很棒的香气。在木条上刻出凹槽，然后将黑铅芯嵌入，外层磨成六边形后上漆，铅笔就完成了。

能在纸上写字的原理

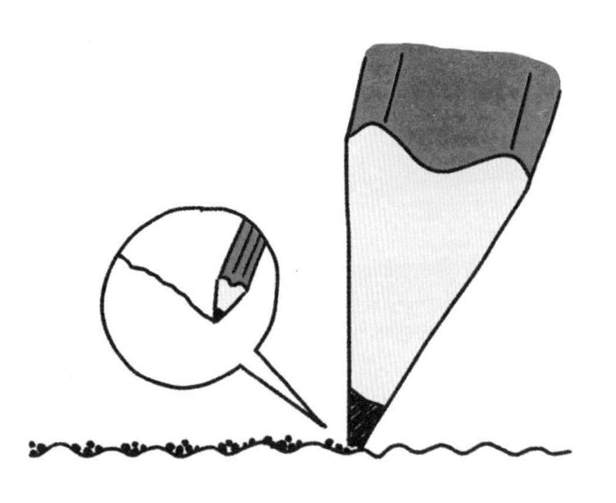

铅笔之所以能在纸上写字，是因为铅笔芯和纸之间强烈的摩擦。此时，纸张表面的凹凸部分会将铅笔芯碾碎，黑铅粉末就附着在纸上了。在显微镜下看铅笔写的字，就会发现纸张上分布着细小的黑铅粉末。

写字时像握筷子

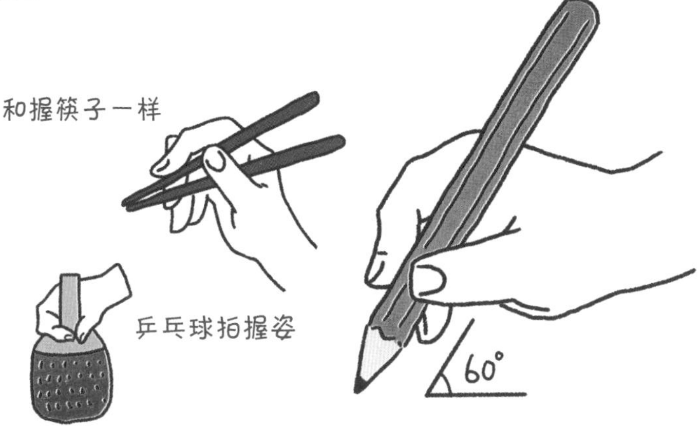

虽说每个人有不同的握笔方式，但也让我们来了解一下正确的握笔方法吧！以正确的手势握住铅笔，写字就不容易累。首先，用食指、拇指和中指这三根手指握住铅笔，这时候，拇指要比食指稍稍往后放置。其次，铅笔和纸张之间的角度大约是 60 度。再次，动笔的时候，食指为主，大拇指随之而动。写字的握姿跟筷子和乒乓球拍的握姿差不多。

画画时像拿餐刀

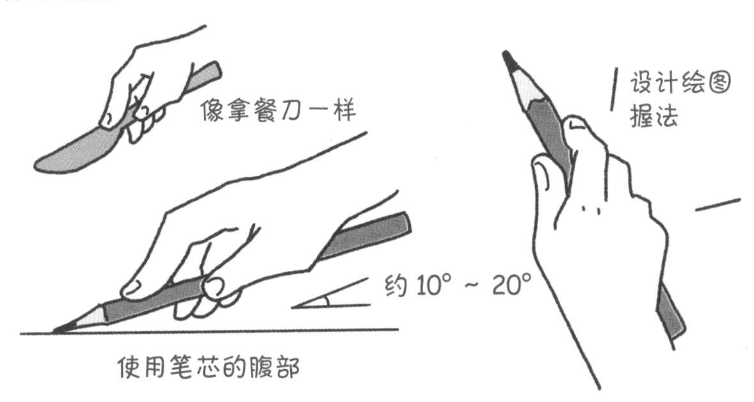

还有一种握笔方法叫素描握法，就跟吃西餐拿餐刀的姿势一样。手掌握住铅笔，加上食指用力，用铅笔芯的侧面来描画粗线。画画时的握姿跟写字时的握姿的最大区别是，不需要过于用笔劲，就能控制力道强弱来描画。

关于笔芯硬度的解释

Hard 的反面竟然不是 Soft？

笔芯的硬度，由黑铅和黏土的比例决定。表示硬度的记号有 HB、2B、4H，等等。在日本，根据日本工业规格（JIS），有 9H 到 6B 等 17 种不同的规格。H 是 Hard（坚硬）的缩略，主要用于制图；B 是 Black（黑色）的缩略，主要用于绘画；还有处于中间的 HB，以及 H 和 HB 之间的 F（Firm= 结实）。Hard 的反面是 Black，这是 19 世纪伦敦铅笔制造商布鲁克曼留下来的规定。此外，三菱铅笔的“Hi-uni”超过日本工业规格，囊括了从 10H 到 10B 的硬度。

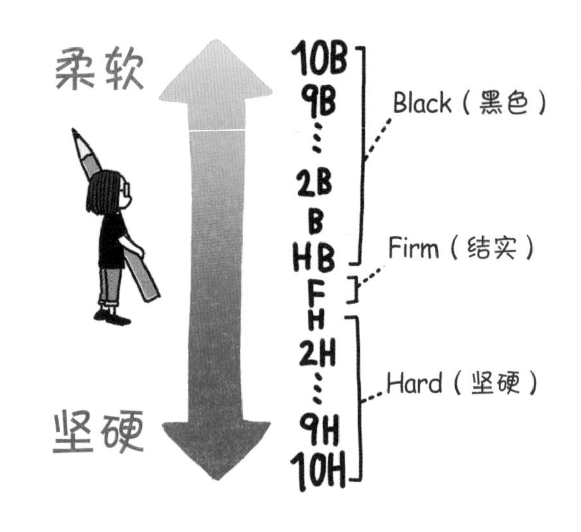

截面的形状还有这么多讲究

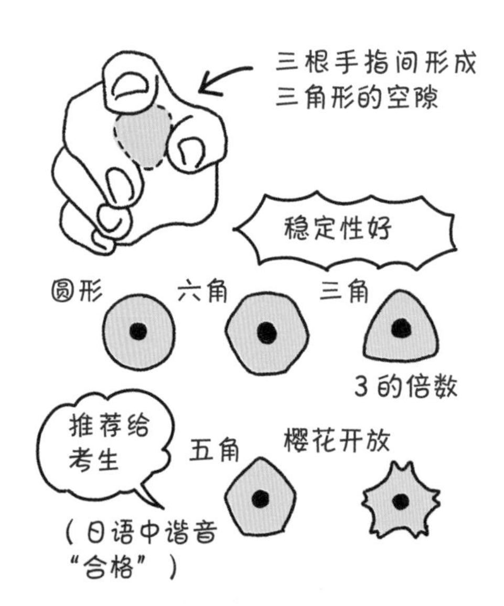

我们通常用三根手指握住铅笔，因此截面被设计成 3 的倍数，如三角形或六边形等方便手握的形状。只不过，从制造方便程度来说，六边形截面的铅笔占绝大多数。顺便说下，虽然制造起来更麻烦，但五边形铅笔也是存在的。日语中，“五角”是“合格”的谐音，所以五边形铅笔在考生中很受欢迎。而且，这种铅笔竟然还很好握，可以试试哦！

按自己的喜好用刀削

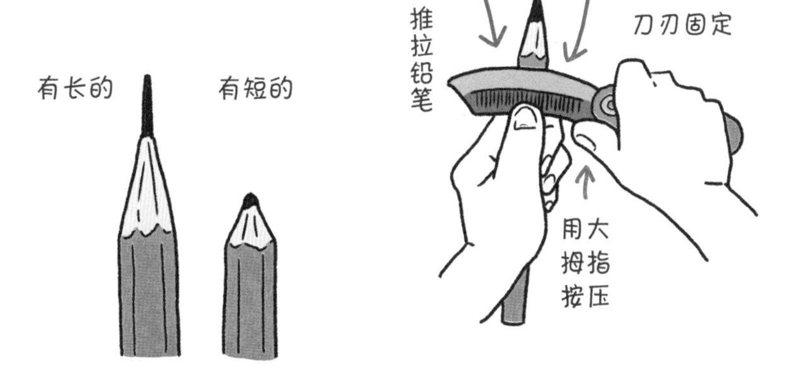

直到 20 世纪 50 年代，在日本，人们一般都还用剃刀和小刀削铅笔。1960 年以后，转笔刀开始受到大力推进。的确，转笔刀既安全又方便，还能根据自己的喜好调整笔芯的长短和粗细，真是让人爱不释手的好东西。用小刀削铅笔的窍门在于，固定住刀片部分，将铅笔向靠近自己的方向推拉移动。

守护重要笔芯的笔帽

好不容易削好的笔芯，要是放在铅笔盒里折断了，那可要大受打击了！考虑到这一点，守护笔芯的笔帽便应运而生。旧时的潮流是铝制和黄铜制笔帽，现在大多使用彩色塑料制品。

用铅笔套，很容易就能握住短笔头

夹住变短的铅笔顶端，使其用起来更方便的工具叫铅笔套或铅笔辅助轴。从前普遍是黄铜制的，现在的主流是外面包橡胶的塑料笔套，也有模仿自来水笔、洋溢着高级感的商品。

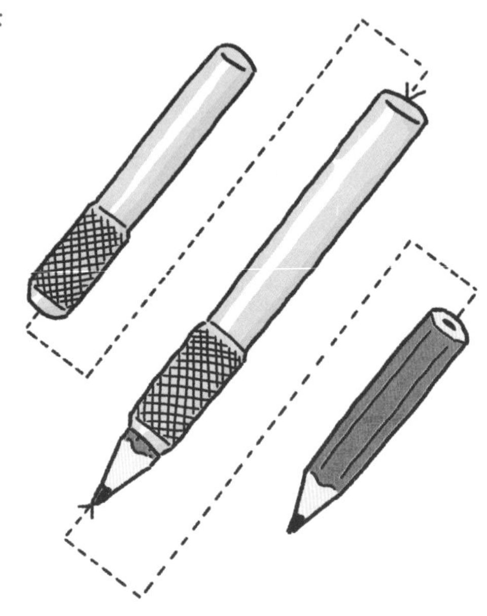

矮个子接起来也能变长

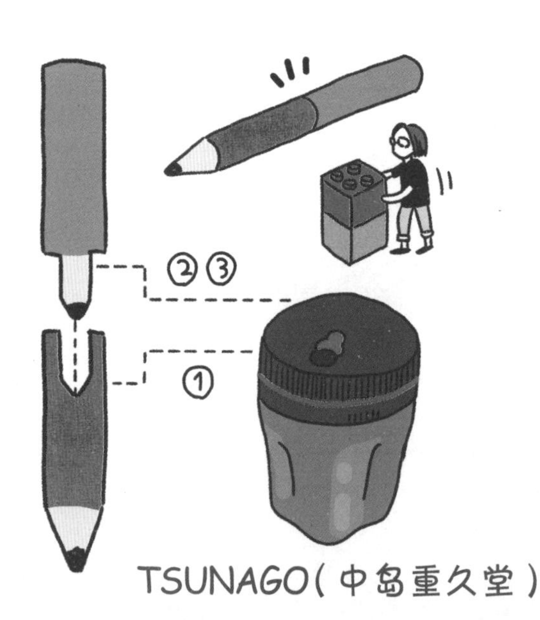

日本转笔刀老铺中岛重久堂有一款产品叫“TSUNAGO”，能够让短铅笔头循环利用。TSUNAGO上面有三个小洞，将铅笔插入后旋转，分别制造出凸型的前端和凹型的洞。然后，将短铅笔头插入另一支铅笔的后面，变成长铅笔后使用。

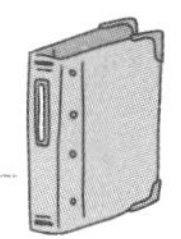

根据书写用途，选择恰当的笔芯

低年级用书写铅笔

在 20 世纪 30 年代到 80 年代，在日本，只要说起铅笔就是“HB”，而 20 世纪 90 年代以后的小学生却以“2B”为标准。各家公司以“书写铅笔”“儿童铅笔”等名称售卖铅笔。除六边形截面以外，也有手容易握持的三角形截面铅笔。

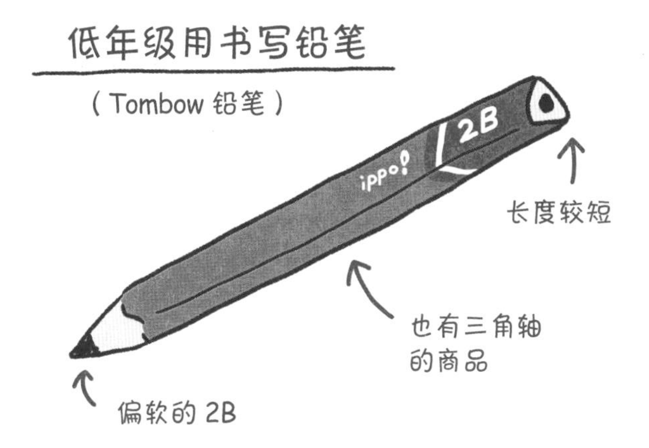

绘图专用的“Hi-uni”和“Mars Lumograph”

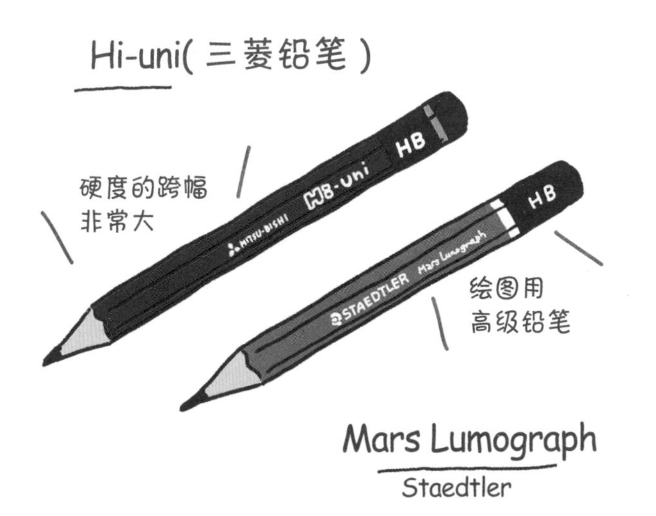

在绘图等场景下，为正确地画出细线，最适合用偏硬的铅笔。其中，我推荐从“H”到“10H”品类俱全的三菱铅笔“Hi-uni”和施德楼（Staedtler）的“Mars Lumograph”。

集“写、擦、削”为一体的“完美铅笔”

集“写、擦、削”为一体的“完美铅笔”，来自德国著名品牌辉柏嘉（Faber Castell）。带有笔帽功能的辅助配件内，还藏着转笔刀。如果单看橡皮、转笔刀等分别的功能，其他商品也许更优秀；若你迷恋这种组合方式，可以试试看！

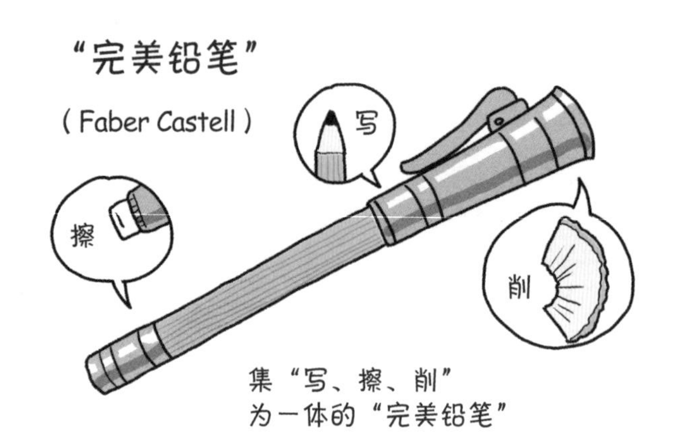

有关彩色铅笔的种种

守护柔弱笔芯的“圆形”

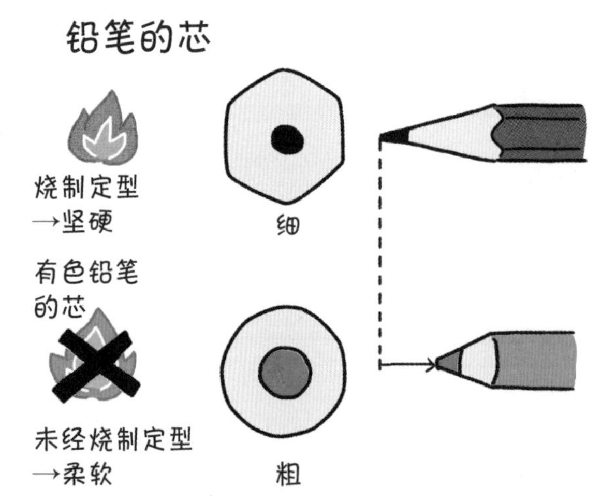

为何彩色铅笔大多是圆形的呢？黑色铅笔的芯由混合黏土烧制而成，但彩色铅笔的芯则未经烧制定型，质地柔软，强度却不够。因此，彩色铅笔的芯会比较粗，而且相比力量集中在一点的六边形，做成圆形更不容易折断。只不过随着技术进步，现在笔芯的强度越来越高，常常能见到圆形以外的彩色铅笔。

红蓝双色铅笔的比例是多少?

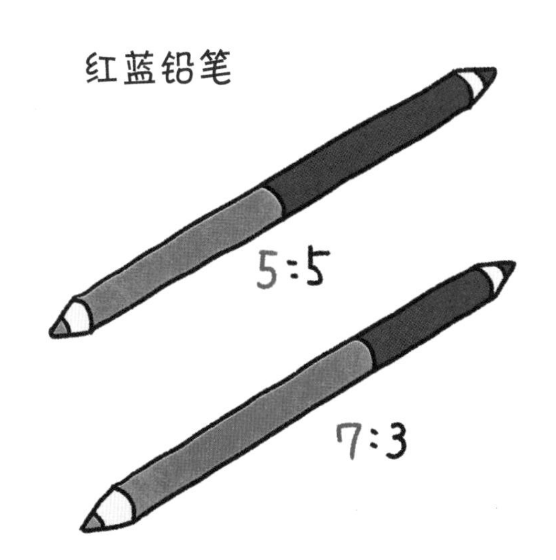

评分等场景下使用的红蓝双色铅笔，红色蓝色比例除 5 ： 5 以外，常用的还有红色占比更多的 7 ： 3。

彩色铅笔也分油性和水溶性

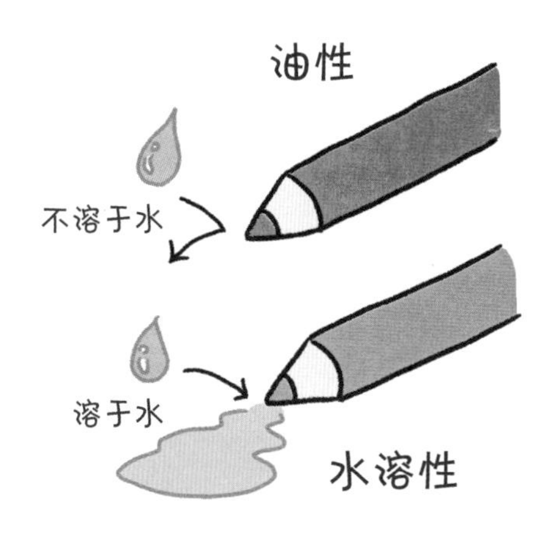

一般情况下，彩色铅笔都是油性的，但也有溶于水的水溶性制品。水溶性彩色铅笔（水彩色铅笔）涂色之后，再用水粉笔涂抹，能够呈现水彩画般的笔触。

剥开表皮笔芯就出来了

拉线笔属于彩色铅笔的一种，只要简单地拉扯细线、剥掉纸层之后，就能让笔芯露出来。很早以前常被用于考试评分。拉线笔能够在光滑的表面上（比如胶片袋）写字，因此它从前是日本印刷、出版业界的必需品。

专栏

成年人涂绘，体验当艺术家的感觉

有段时间流行的成年人涂绘，就算你不擅长从零开始作画，只需随意涂色，便能体验当艺术家的感觉。从简单到高精细，各种类型都有。此外，建议油性彩色铅笔、水溶性彩色铅笔、粉蜡笔、水彩画用具等分开使用。

手摇式“行星齿轮”太帅了！

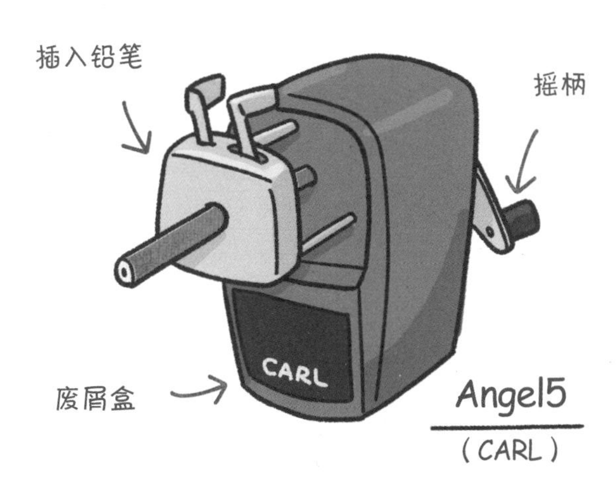

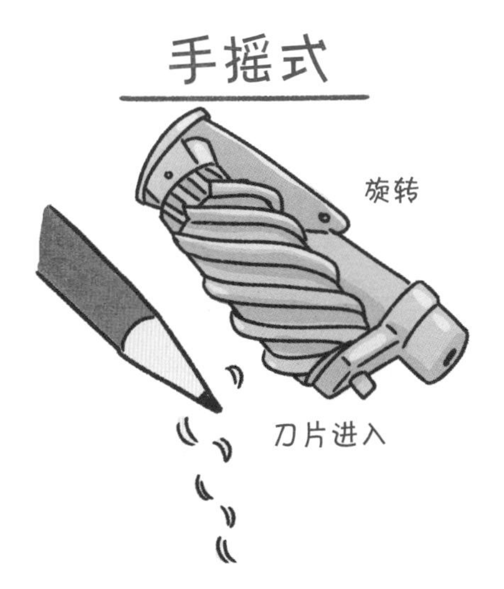

说起转笔刀的经典款，那必须是手摇式（手动式）转笔刀。它的构造中应用“行星齿轮”（大齿轮内嵌有转动的小齿轮），让带斜沟槽的圆柱形刀片围绕铅笔转动，从而削去铅笔外层。缺点是铅笔越短越难削，优点是削长度足够的铅笔时很省力气。

毫不费力的转笔刀，归功于电动马达

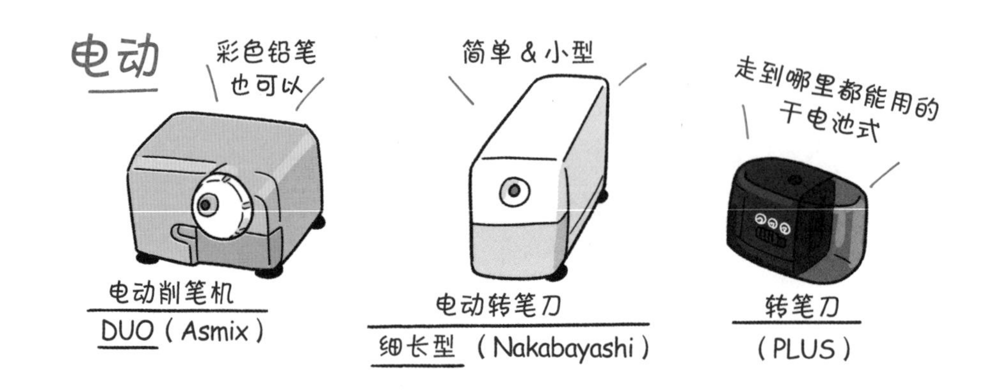

电动式转笔刀，它的主要结构是用电动马达替代手摇转动。因为装载了马达，所以比手摇式转笔刀体积大。往孔里插入铅笔后，转笔刀会自动开始运转，如果孩子误把手指插进去就太危险了，因此最近的款式都带有防误触功能。

连笔屑都很漂亮，转笔刀的巅峰

一枚刀片式的转笔刀可以放进铅笔盒，方便携带，只要把铅笔插进去，转动后就能削。中岛重久堂的转笔刀是闻名世界的绝品，削出来的铅笔非常光滑，笔芯又尖又漂亮。

全新的“左右扭转削铅笔”

Sonic 的 Ratchetta one handicap 转笔刀，无须转动，只要左右交替扭转就能削铅笔了。相比转动式，本款能更迅速地削好铅笔。而且，还具有铅笔插入时自动打开，拔出则自动关闭的活动结构。

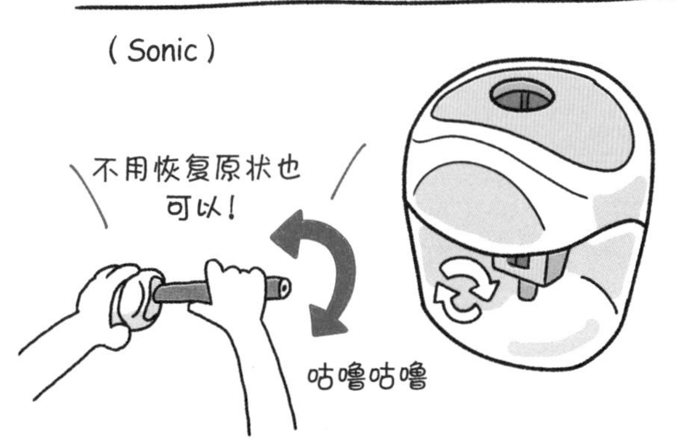

塑料瓶让转笔刀大变身

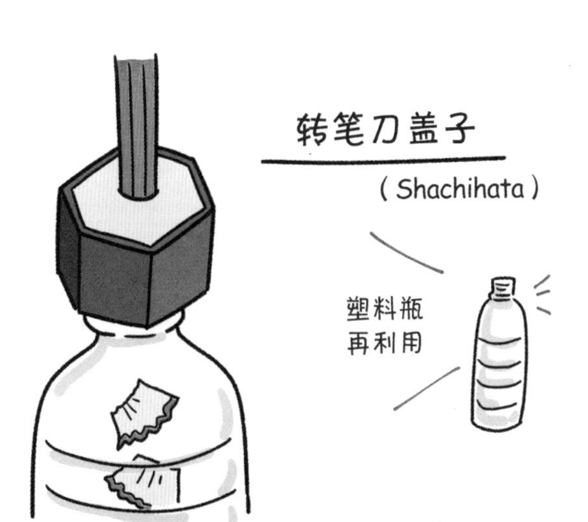

Shachihata 的转笔刀盖子，能够再次利用喝完的塑料瓶来削铅笔。特点是削下来的笔屑可以储存在塑料瓶内，攒了很多后一次性扔掉。不过要注意了，这样的塑料瓶可无法直接回收哦！

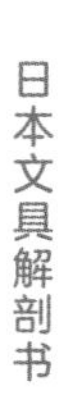

圆珠笔

黑白分明
思考清晰

工作的好伙伴

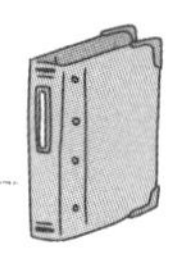

诞生的契机是报纸用油墨

因为有了容易干的油墨

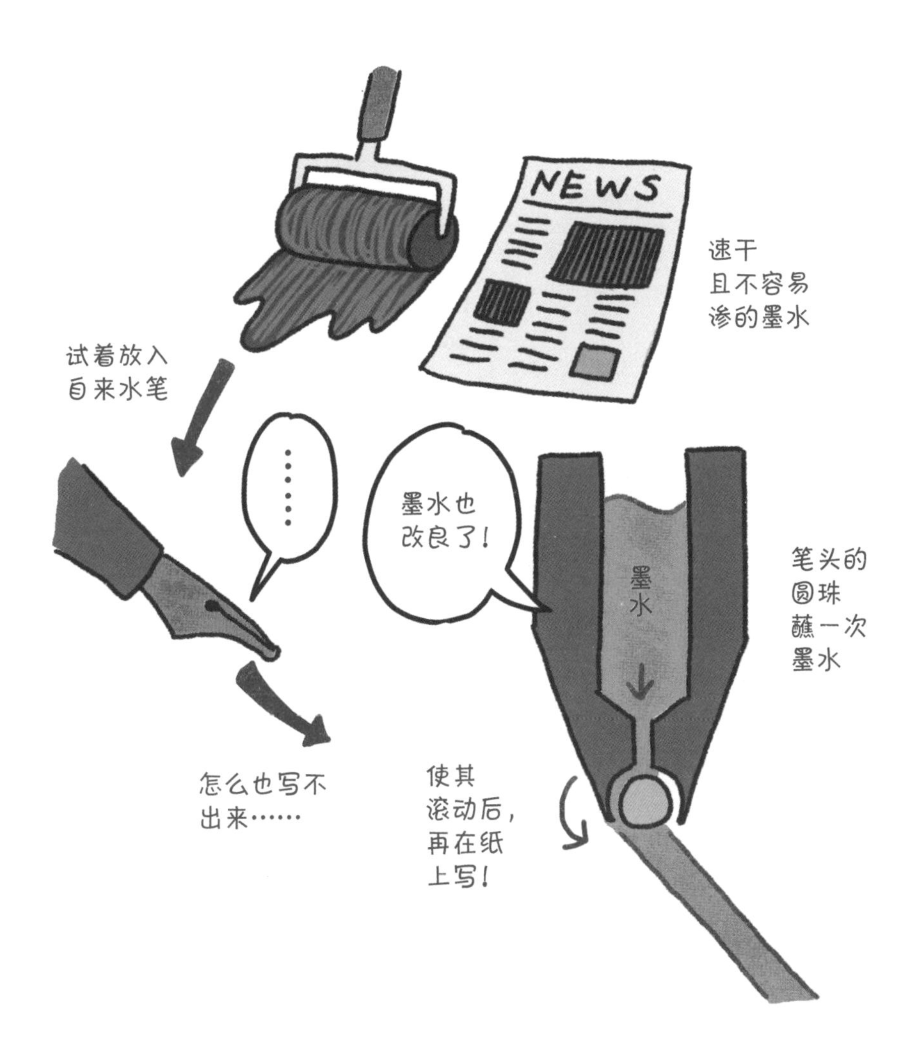

早在19世纪80年代，就有了在钢笔尖上放小滚珠的创意，只不过墨水容易从钢笔尖流下来，一直无法投入使用。最初的实际应用在1938年，匈牙利人拉迪斯洛·比罗着眼于报纸用的速干油墨。本来想用于自来水笔，但墨水无法传递到自来水笔的笔尖，于是失败了。然而，将这种方法应用到圆珠笔上，竟开发出了圆珠笔的原型。

圆珠笔的发展

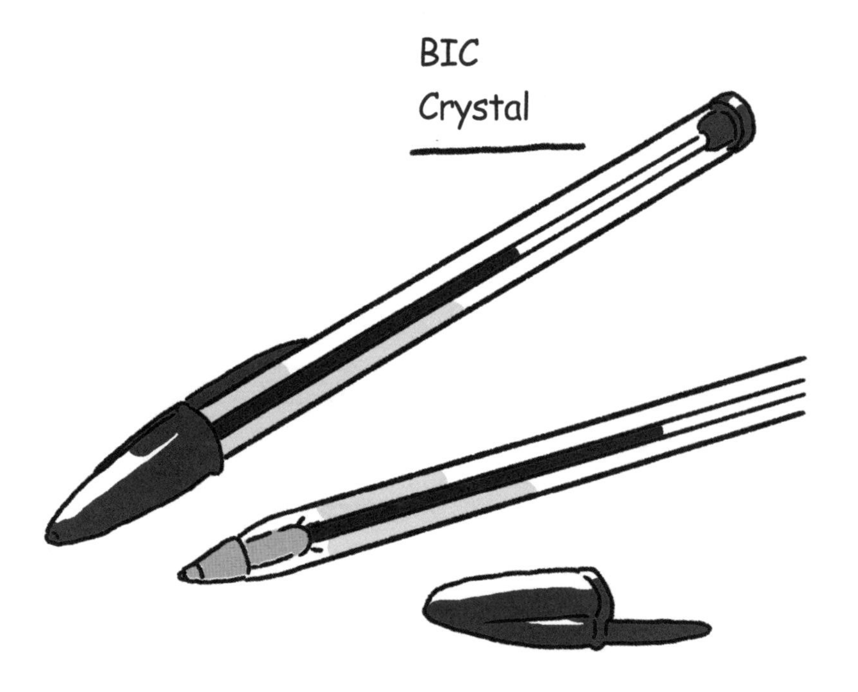

1943 年，圆珠笔产品化之后，很快就在全世界普及开来。1945 年，圆珠笔被带入日本。之后，法国 BIC 公司开始大量生产圆珠笔（1950 年发售），“BIC Crystal”成为廉价圆珠笔的代名词。1946 年，由 OHTO 公司最早在日本制造出铅笔样式的圆珠笔。

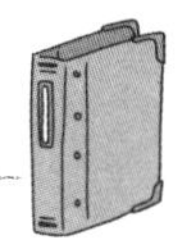

三大款式：盖帽式、按压式、旋转式

基础的款式是盖帽式

圆珠笔基本的款式是盖帽式。笔帽不仅能防止笔尖与其他东西接触，还能防止油墨干燥。不过，摘掉笔帽有些麻烦，还容易弄丢。

按一下就伸缩的按压式

按压式圆珠笔解决了盖帽式的繁杂。它的构造是，按一下圆珠笔顶部的按压棒，笔头就会出来，（多数情况下）再按一次，笔头就会缩进去。

高级圆珠笔常用的旋转式

旋转式是指转动圆珠笔的一部分来控制笔芯伸缩。这是圆珠笔发明初期就有的款式，多用于高级圆珠笔。

水和油之间的深厚关系

既古老又新颖的油性圆珠笔

圆珠笔的油墨由溶剂、色素、添加物等组成，溶剂是油性物质，因此被叫作“油性圆珠笔”。油性墨水的特点是黏度高、容易干。世界上最早的圆珠笔是油性的，如今圆珠笔的主流也是油性的。最近大受欢迎的商品是三菱铅笔的“JETSTREAM”。顺滑的书写感，加上不容易弄脏手指的速干性，以及油墨的浓度都颇受好评。

顺滑好写的水性圆珠笔

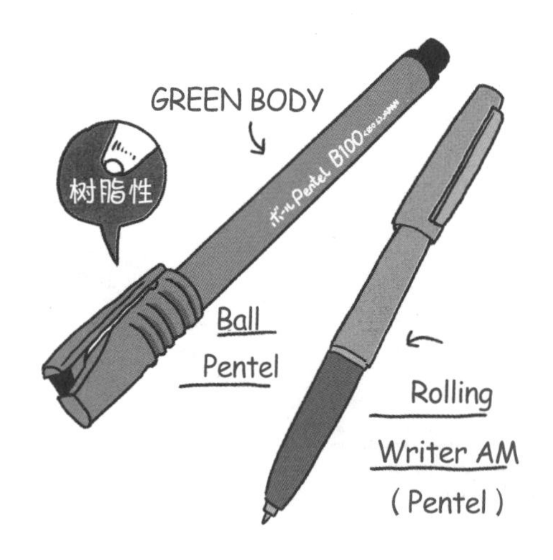

水性圆珠笔的油墨溶剂为水溶性物质。1964 年，日本 OHTO 公司研制出世界上第一款水性圆珠笔。1972 年，Pentel 公司开始发售笔头台座采用树脂材质的“Ball Pentel”。水性圆珠笔写起来比油性圆珠笔更顺滑，因此大受欢迎。同一家公司制造的高级水性圆珠笔“Rolling Writer”于 1979 年在东京举办的第五次 G7 峰会中成为会议的正式笔记用具。

黏性比什么都重要

书写顺畅、干起来快的中性墨水

水性圆珠笔写起来感觉很好，但难点是墨水干得慢。中性墨水（gel ink）解决了这个问题。“gel”是“啫喱状”的意思，在笔芯里呈高黏度啫喱状，经笔尖滚珠转动后，变成胶状（液体），附着到纸上后又变回啫喱状（触变现象）。

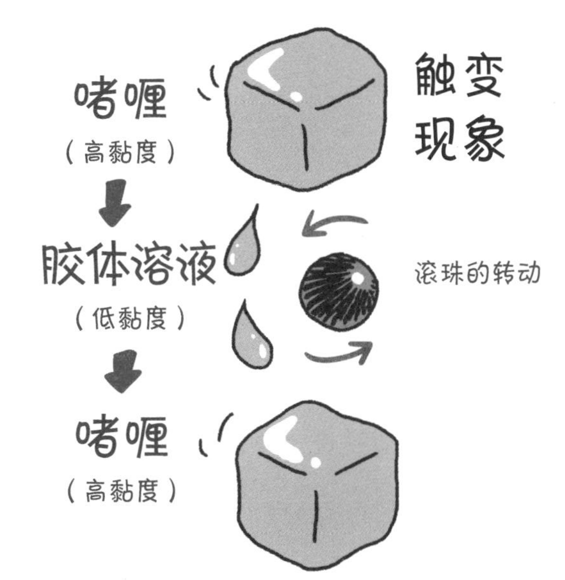

“油性”和“中性”的圆珠笔霸权之争

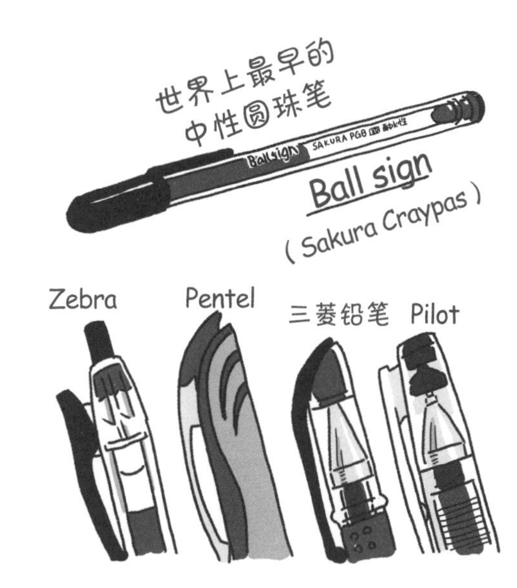

1982年，Sakura Craypas公司发售了世界上第一款中性圆珠笔“Ball sign”。一上市就大受欢迎，其他公司纷纷效仿。为与之抗衡，三菱铅笔于2006年发售了一款改良后的油性圆珠笔“JETSTREAM”，同样很有人气。现在，已经进入“中性”和“油性”角逐书写流畅度的时代了。

写完能擦掉的圆珠笔革命

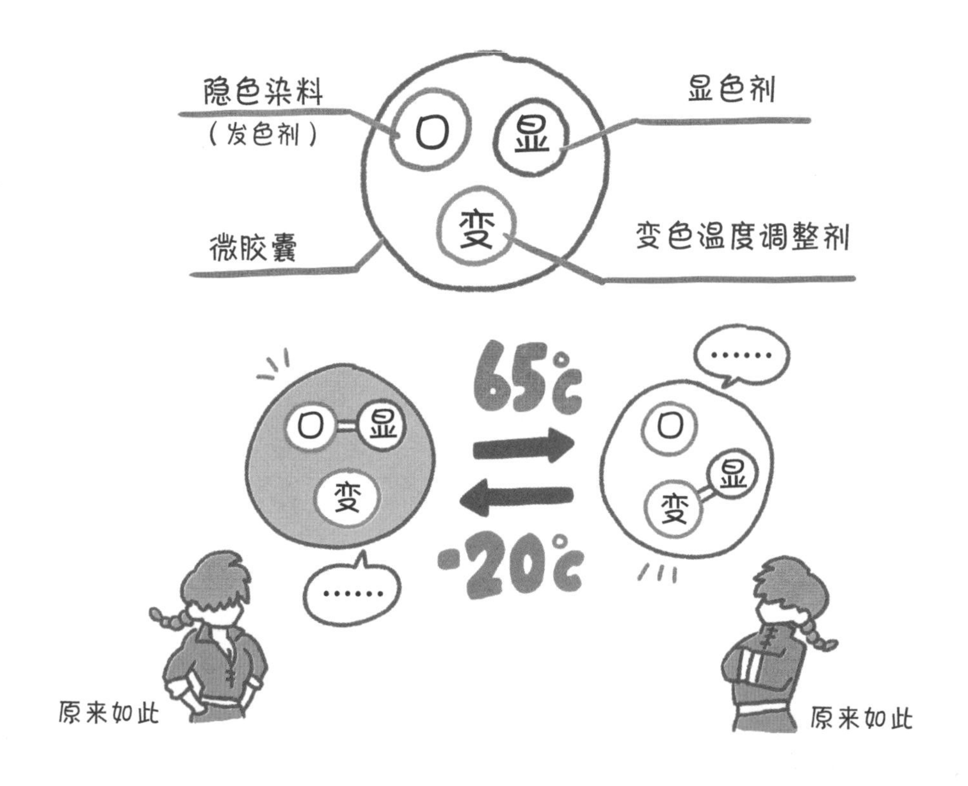

2007年，Pilot Corporation（百乐株式会社，以下简称Pilot）发售了划时代的“可擦写圆珠笔”——Frixionball。用圆珠笔顶部附带的橡皮来擦，所产生的摩擦热（60 ~ 65℃）能够消除字迹。根据温度升高颜色消失的“感温变色”原理，并将其改进后，往笔芯中灌注了对应 -20 ~ 65℃的摩擦油墨。消失的字迹若暴露在 -10 ~ 20℃的环境中，就会复原。

高温是劲敌！请注意保存场所

用 Frixionball 写的笔记，若放在高温时车内的仪表盘上，记录的内容会全部消失，遭遇这类麻烦的情形也不少。想要让字迹重现，可以喷上冷凝喷雾，或放入冰箱冷却。因为这种特性，请注意不要在书写证书类文件或填写收件人信息时使用这种笔。

如今的圆珠笔现状

多色圆珠笔，一支扮演多种角色

圆珠笔的笔芯很细，所以能将不同颜色的笔芯装入同一支笔杆中。二至四种颜色的圆珠笔较为常见，也有把圆珠笔和自动铅笔放在一起的产品，类似“二合一多功能笔”。最近，以 Pilot 公司的“hi-tec-c coleto”为首，这类可以自由选择笔芯颜色的款式在女生中大受欢迎。

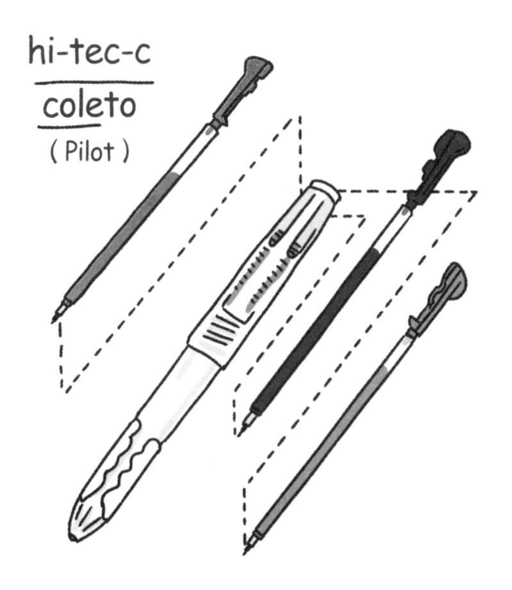

水和油各取所长的乳状墨水

Zebra 公司继续改进中性墨水，从而开发出乳状墨水（油中水滴型墨水）。油性和水性墨水按照 7 ∶ 3 比例混合，这种圆珠笔兼具油性和水性的特点，书写起来很流畅，又容易干。

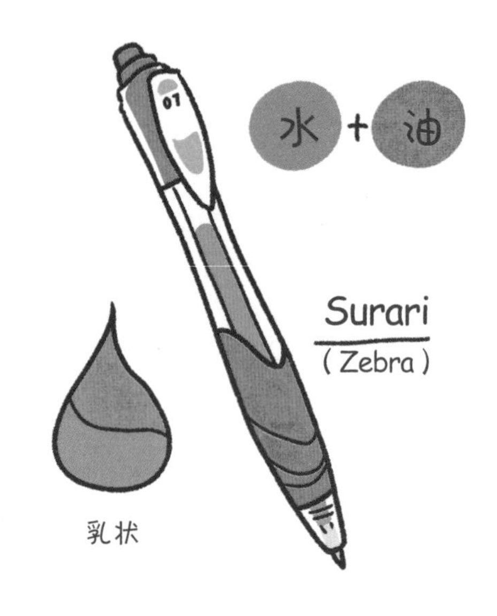

书写时顺滑的快感

我要隆重介绍派克(Parker)的“Ingenuity”,笔头并非滚珠，墨水也经过改良，于是才诞生了这款尖端的钢笔。该产品史无前例地实现了书写时的顺滑感觉。使用的时候，笔头形状会配合你握笔的手，它是能够满足你占有欲的顶级产品。

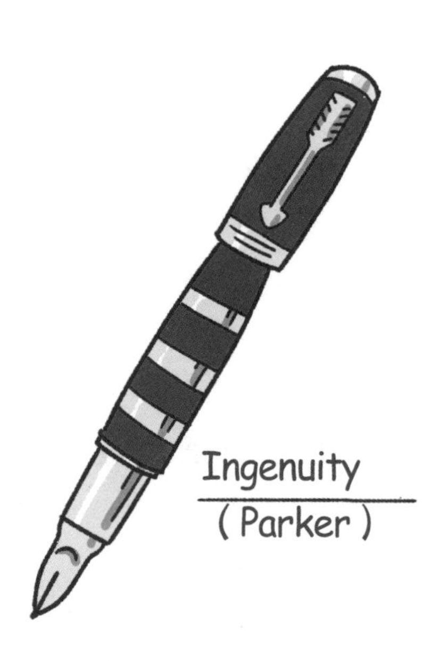

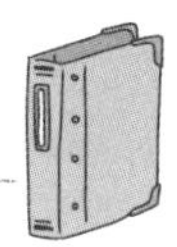

清除油性墨水需要窍门

清除油性墨水的方法

如果圆珠笔的油性墨水沾到手上，就很难用水洗掉。此时，用温肥皂水来洗会比较有效果。

如果沾到衣服上，用洗甲水也有效

如果衣服上沾了油性墨水，那么美甲用的洗甲水、消毒用的乙醇都有助于清除油性墨水。为防止油墨印进一步扩大，可以在下面垫一块垫布，并用力拍打按压。不过，虽然油墨印会变淡，却很难完全消除，一定要注意。如果沾上的是中性油墨，那么，用中性洗涤剂会更有效果。

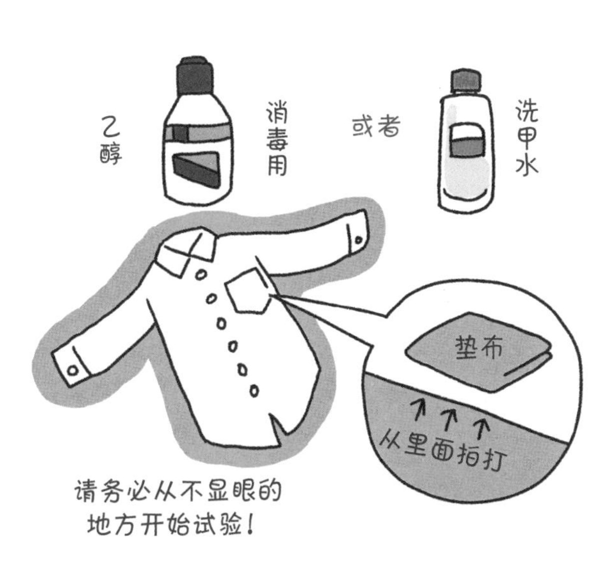

自动铅笔

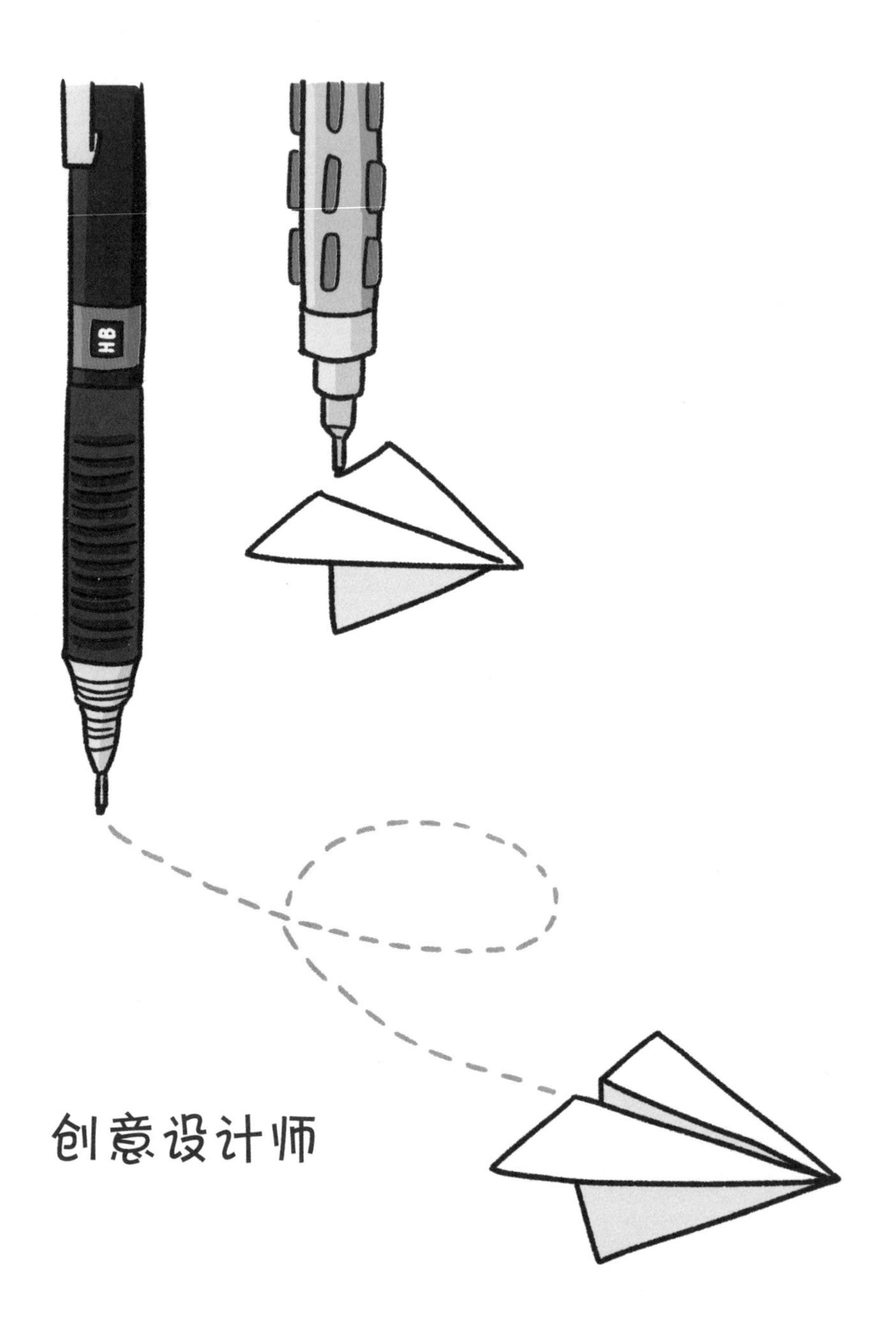

创意设计师

自动铅笔的诞生

自动铅笔诞生于美国

自动铅笔的元祖，通常被认为是 1822 年英国人霍金斯和摩登共同获得的专利——推进式（转动后出来笔芯）铅笔，但并没有成功商品化。直到 1837 年，美国的 Keeran 开始售卖这种推进式产品“EVER SHARP”，成为世界上第一支自动铅笔。

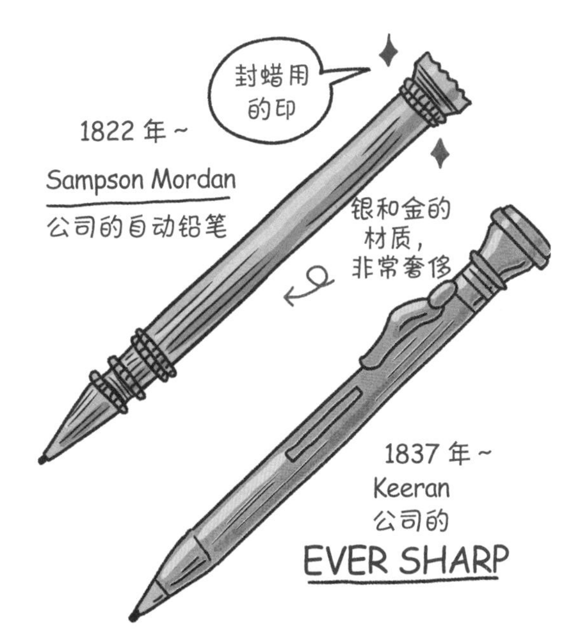

日本的自动铅笔发明者是夏普创始人

1915 年，大型电器公司夏普的创始人早川德次在日本发明了金属材质推进式自动铅笔，并命名为“Ever Ready Sharp Pencil”。早川随后在大阪创立了家电制造公司，公司名为夏普（Sharp）。现在那种按压式自动铅笔则要追溯到 1960 年，由大日本文具（现在的 Pentel）开发出来。当时很难把笔芯做得很细，笔芯的粗细往往有 0.9 毫米，需要削过笔芯头后再使用。

自动铅笔是如何工作的

打开、落下、抓住、出来、打开、落下……

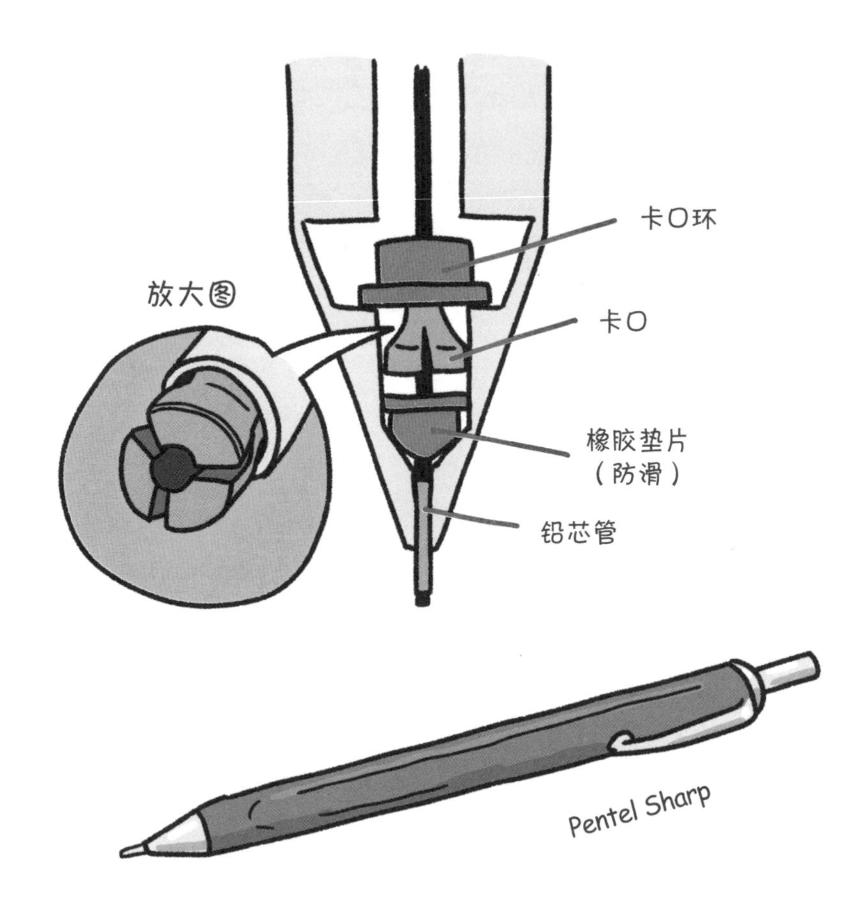

按压式自动铅笔，按一下顶部后，夹住铅芯的卡口受到压力打开，铅芯受重力作用往下坠 1 毫米。放开按压头后，卡口向上回升，这时又抓住了铅芯。如此反复，这样的构造能让铅芯一点点地从笔尖出来。

无须换手的自动铅笔

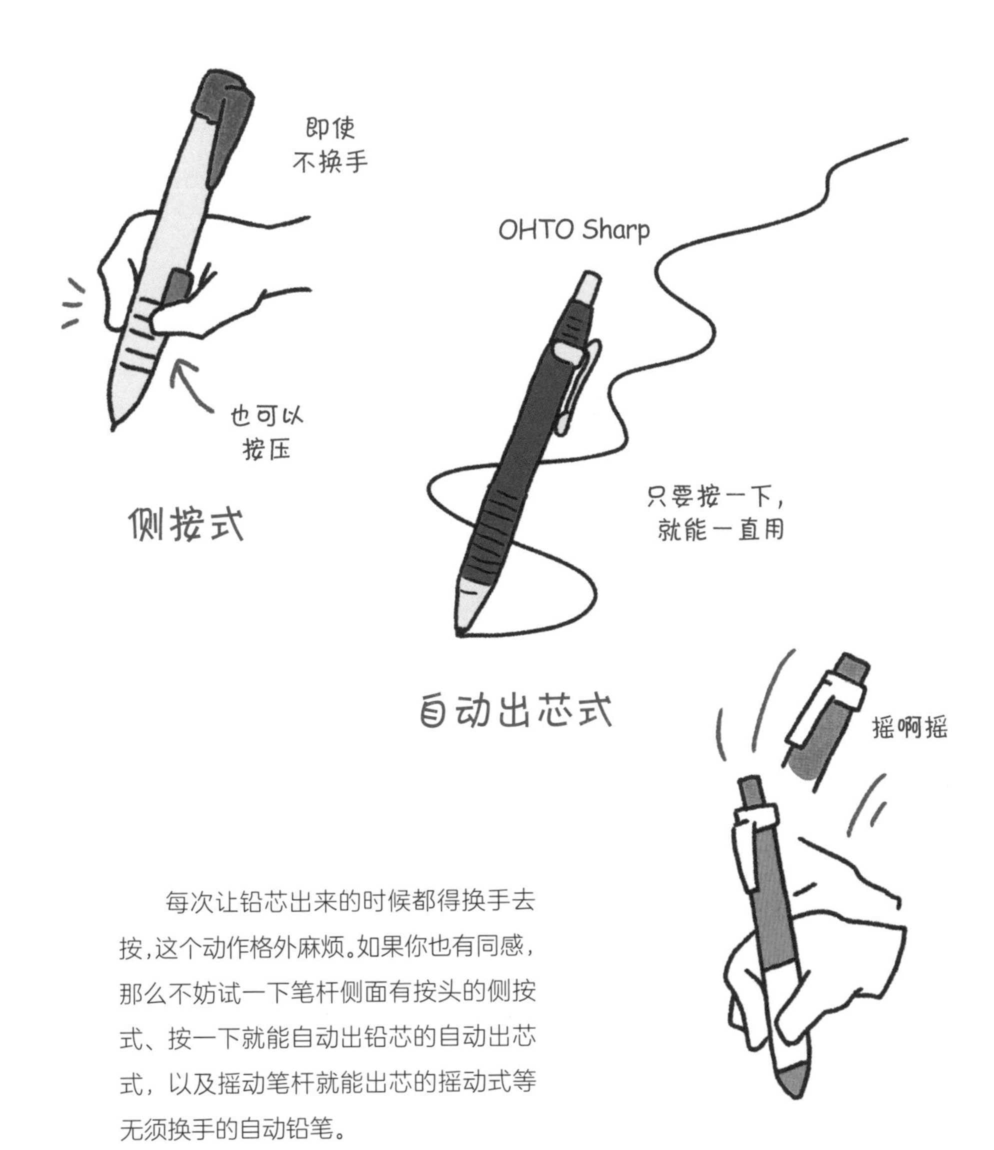

每次让铅芯出来的时候都得换手去按，这个动作格外麻烦。如果你也有同感，那么不妨试一下笔杆侧面有按头的侧按式、按一下就能自动出铅芯的自动出芯式，以及摇动笔杆就能出芯的摇动式等无须换手的自动铅笔。

笔芯的强度取决于什么

决定笔芯强度的是塑胶

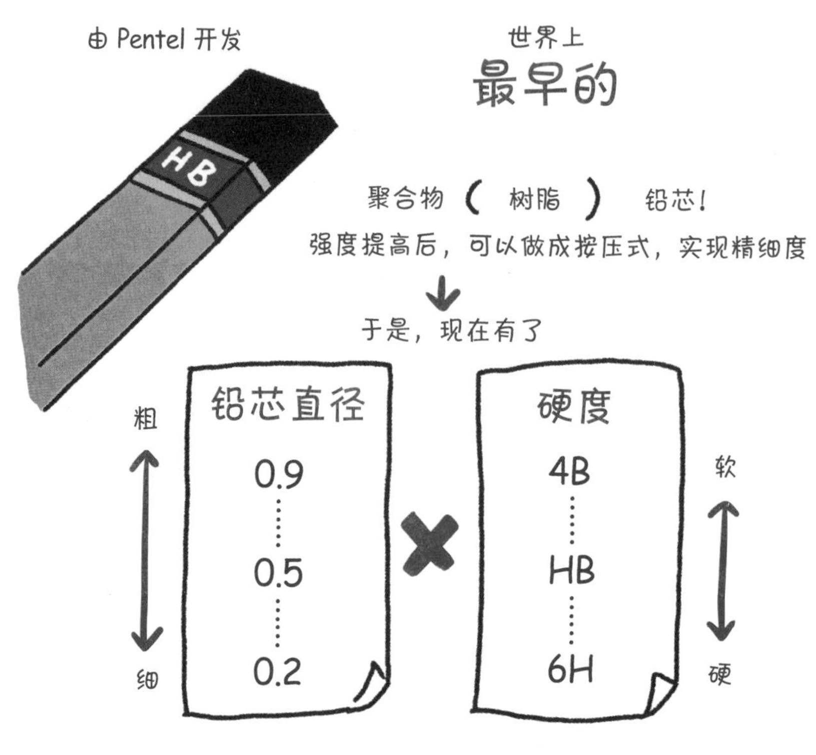

铅笔的笔芯是由黑铅和黏土烧制固定而成的，而自动铅笔的铅芯则用树脂替代了黏土。因此，才能达到 0.3 毫米以及 0.5 毫米等细度，同时也不容易折断。

硬度相同，但书写感不一样

各家公司都售卖自动铅笔芯，就算硬度相同，写起来的感觉也有微妙差异，务必要先试写。另外，针对从铅芯盒中取出铅芯补充的便利性，各品牌也都下了不少功夫。如果只是日常使用且关心性价比，推荐 Pentel 的 “Ainstein” 和三菱铅笔的 “uni NanoDia” 等产品。

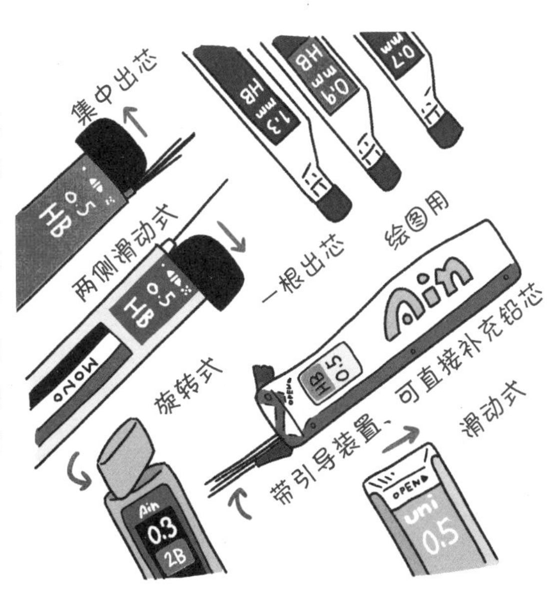

如今的自动铅笔现状

这么粗是有理由的

Pilot 的 “Dr.Grip” 基于人体工程学，为减轻写字时肩部和腕部的肌肉负担，进行笔杆粗细度研究，从而实现了可轻松手握的形状和粗细。推荐给长期从事记录工作的人。

看起来像铅笔，实际上是自动铅笔

北星铅笔的“大人铅笔”和Kokuyo的“铅笔sharp”，跟我们平时用惯的铅笔粗细相同，外形也相似。“大人铅笔”采用2毫米粗的铅芯，但自带削笔刀，能够边削铅芯边使用。“铅笔sharp”的铅芯有0.7毫米、0.9毫米、1.3毫米等不同粗细的选择。

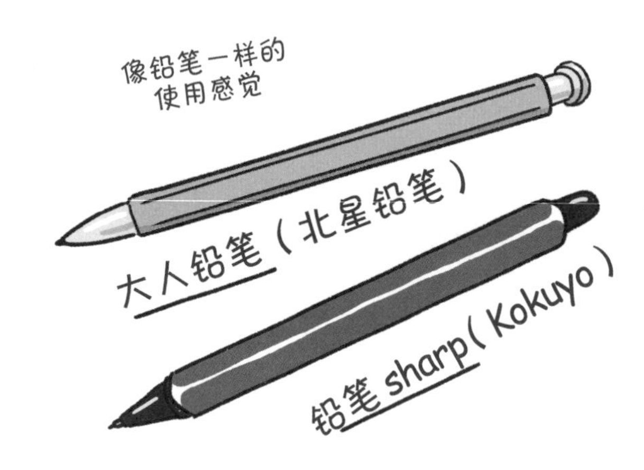

自动旋转，保持铅芯前端尖锐

三菱铅笔的“KURU TOGA”采用铅芯离开纸面瞬间微微旋转的结构。不是削尖铅芯前端的某一个面，而是平均地磨损，因此铅芯前端会变成尖锥形。铅芯的中心部分比周围更硬，所以容易磨尖，有专用的替换铅芯出售。

分散笔压，铅芯不容易折断

Zebra 的“DelGuard”系列采用铅芯不易折断的结构，非常有人气。利用弹簧，将铅芯前端的笔压很好地分散掉，从而防止铅芯折断。此外，这款笔为防止短铅芯堵塞，也下了一番功夫。

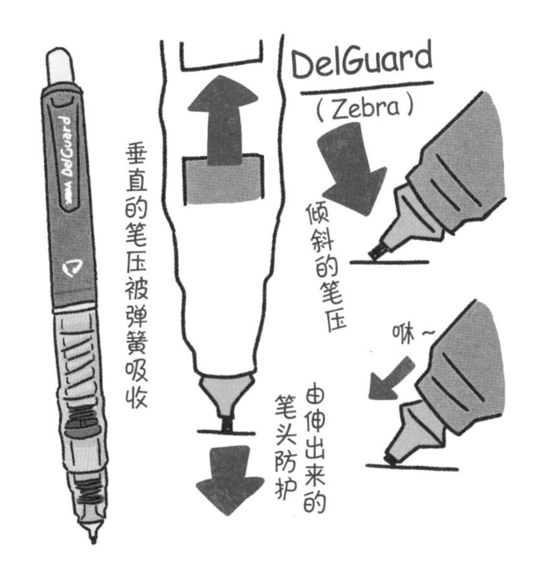

细管保护铅芯、无须按压的划时代产品

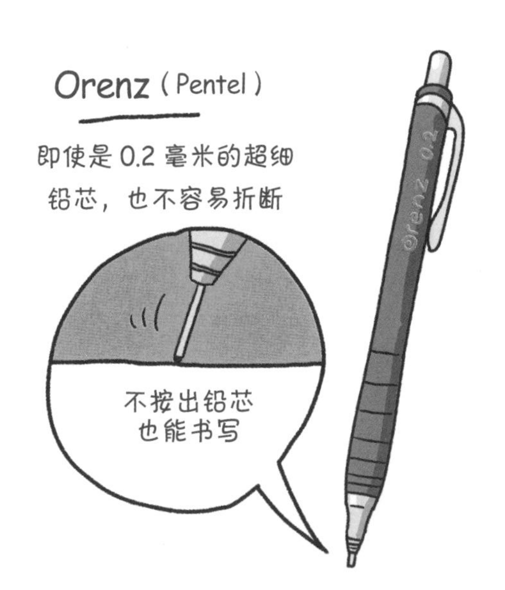

Pentel 的“Orenz”产品，用金属小细管作为铅芯的支撑，从而防止铅芯折断。随着铅芯越来越短，细管也会随之滑动。此外，还有采用自动出芯结构的“Orenznero”产品。铅芯前端离开纸面后，便会自动出芯。铅芯用完之前都无须按压，是可持续书写的优秀产品。

钢笔

唤醒

书写的快感

可持续使用的“万年笔”

钢笔的源头在古埃及文明里

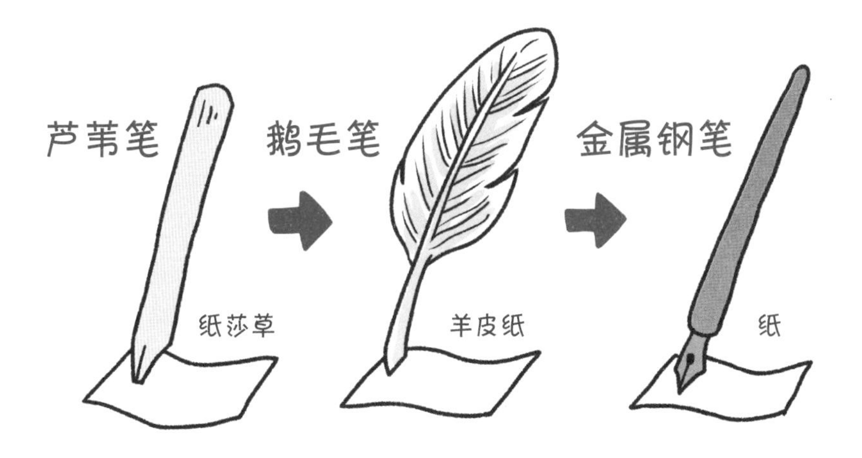

笔尖蘸上墨水来写字的蘸水笔历史悠久，早在公元前 2400 年，就有了将芦苇秆前端削成两半的芦苇笔，后于古埃及文明的遗址中被发现。公元 6 世纪，欧洲诞生了鹅毛笔。1780 年，英国人 Samuel Harison 将钢铁板弯成筒状、笔尖分为两半，从而发明了金属制的钢笔。

克服墨水中断难题的“万年笔”

蘸水笔的墨水很快就会用完。因此，1809 年，英国设计出在钢笔轴内加上贮水结构的方案，这便是万年笔的开端。1884 年，美国人 Lewis Edson Waterman 发明了像现在一样利用毛细现象的钢笔。日本将其命名为“万年笔”，墨水能使用一万年，意思是可持续使用。

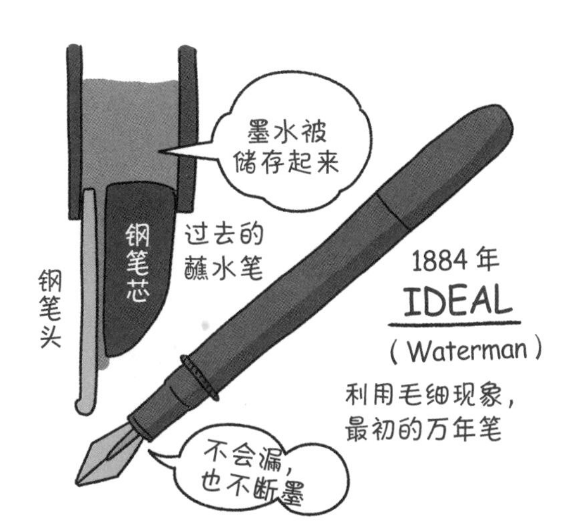

颇具复古风情的吸入式万年笔

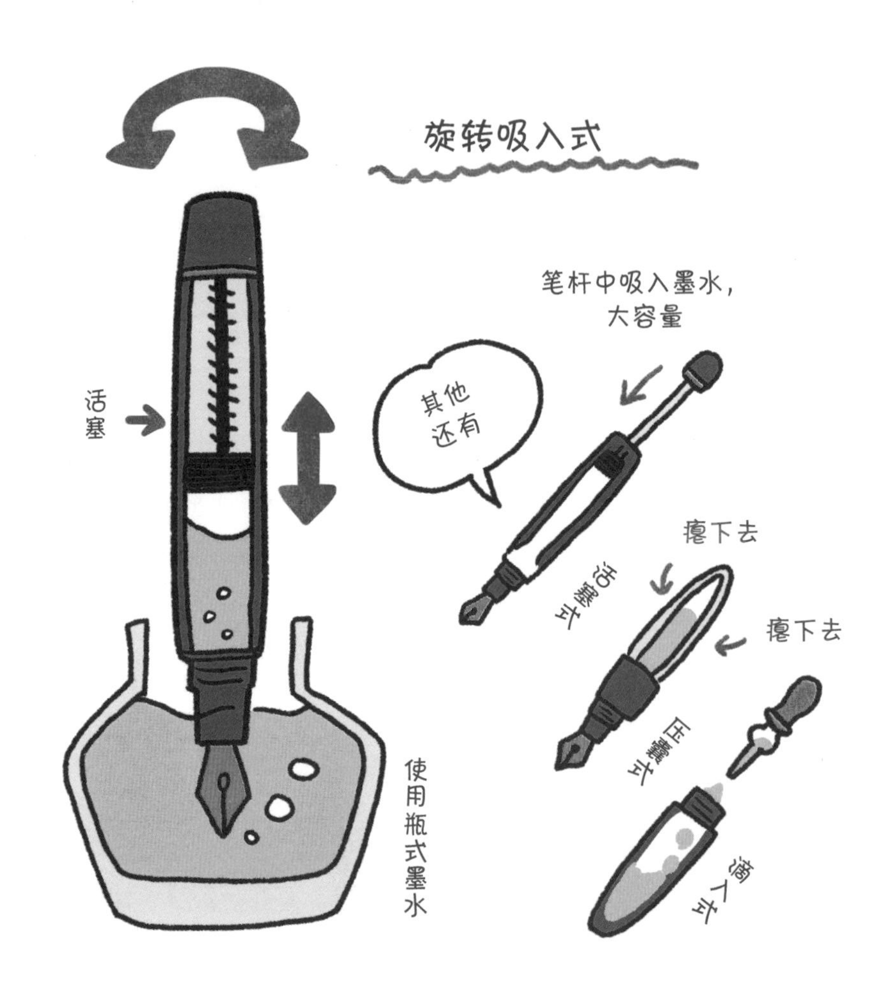

万年笔墨水的补充方法分吸入式和卡式墨水管两种。吸入式是钢笔尖从墨水瓶里向上吸墨水，有旋转吸入式、活塞式、压囊式、滴入式等，现在大多是旋转吸入式。同卡式墨水管相比，吸入式能贮存更多墨水，性价比也更高。

轻松携带的卡式墨水管

卡式墨水管是一次性替换使用的方式。补充墨水很简单，也是当下的主流。顺便提一下，让卡式万年笔也能使用瓶装墨水的转换器，各家文具制造商都有单独售卖。

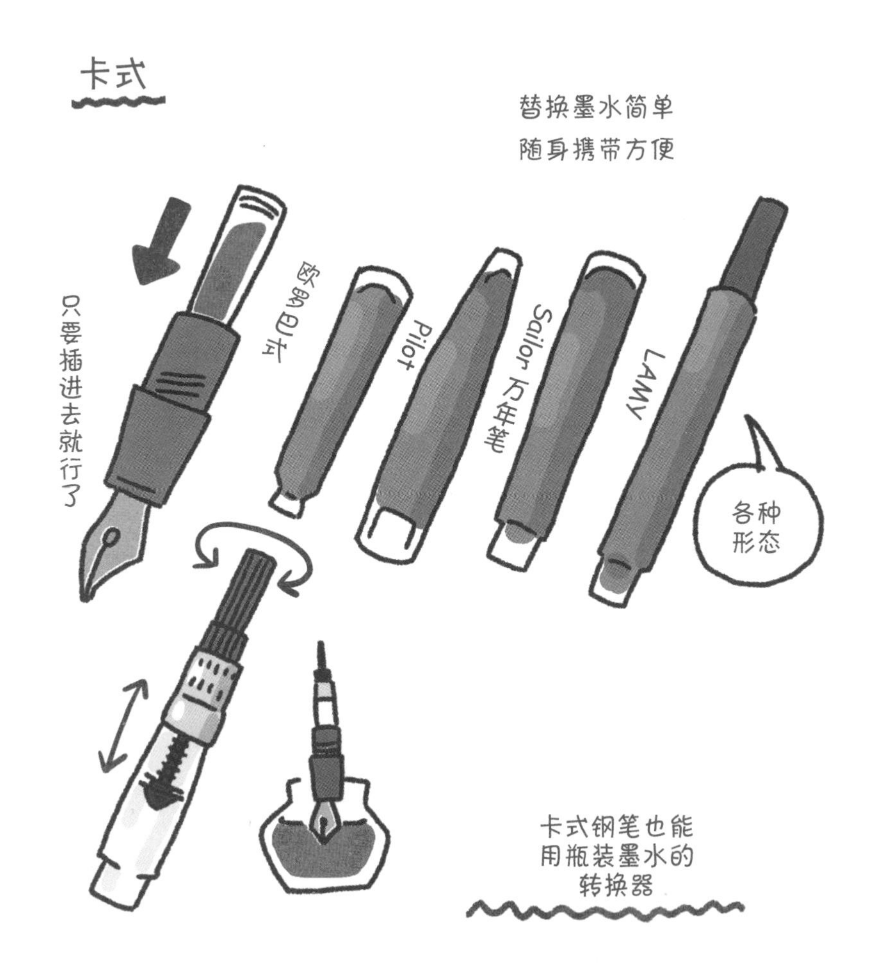

颜料墨水的登场，让万年笔五彩缤纷

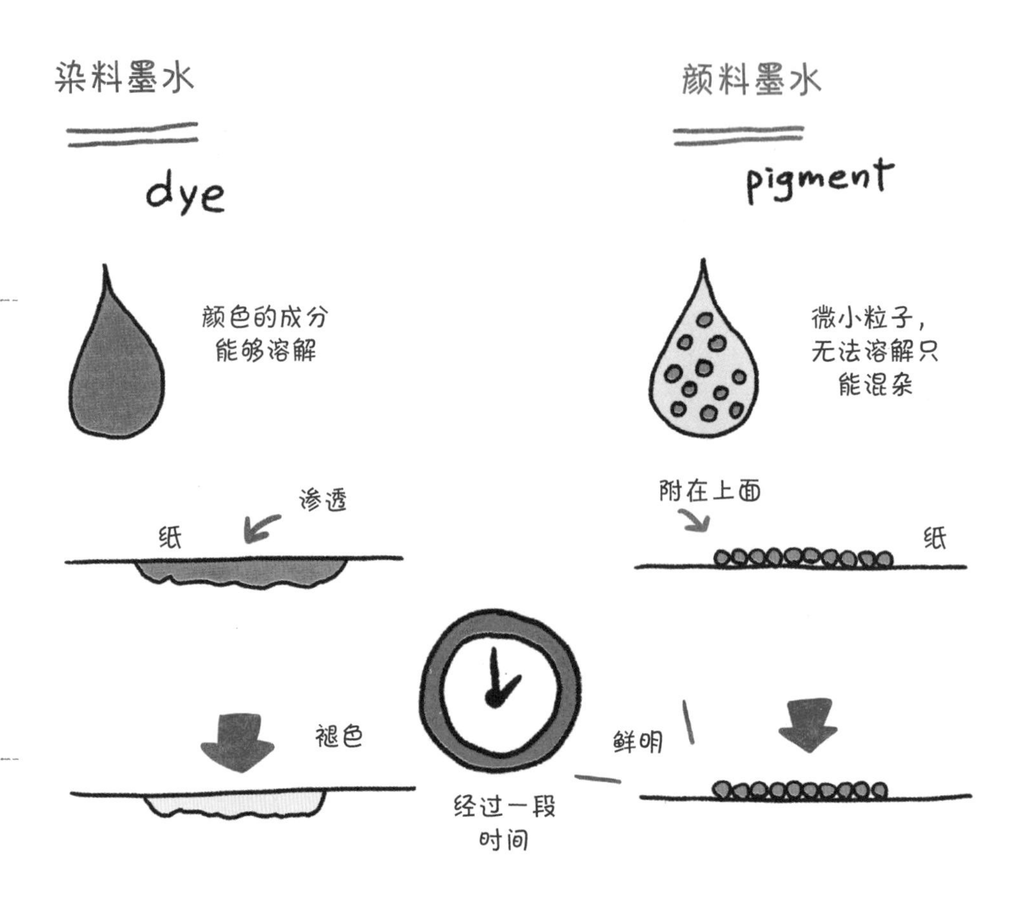

万年笔的墨水，分为染料墨水和颜料墨水。溶于溶剂的染色剂叫“染料”，不溶于溶剂的叫“颜料”。染料墨水的色彩光泽好、容易着色；颜料墨水的特点则是防水耐光性强，但是颗粒大容易堵塞。万年笔的墨水一般使用染料墨水，但随着科技进步，颜料粒子越做越小，也越来越不容易堵塞，使用彩色颜料墨水也成为可能。

历经多年，从蓝色变成黑色

万年笔使用的墨水基本色为蓝黑，当初是为长期保存而开发的。刚写好的字是蓝色的，但过了一段时间后开始褪色，单宁酸亚铁和空气中的氧结合后，变成黑色附着于纸面。因为这种特性，所以被叫作“蓝黑墨水”。现在，含氧化铁的古典型蓝黑墨水越来越少了，Platinum 万年笔和 Pelikan 公司等仍有生产。

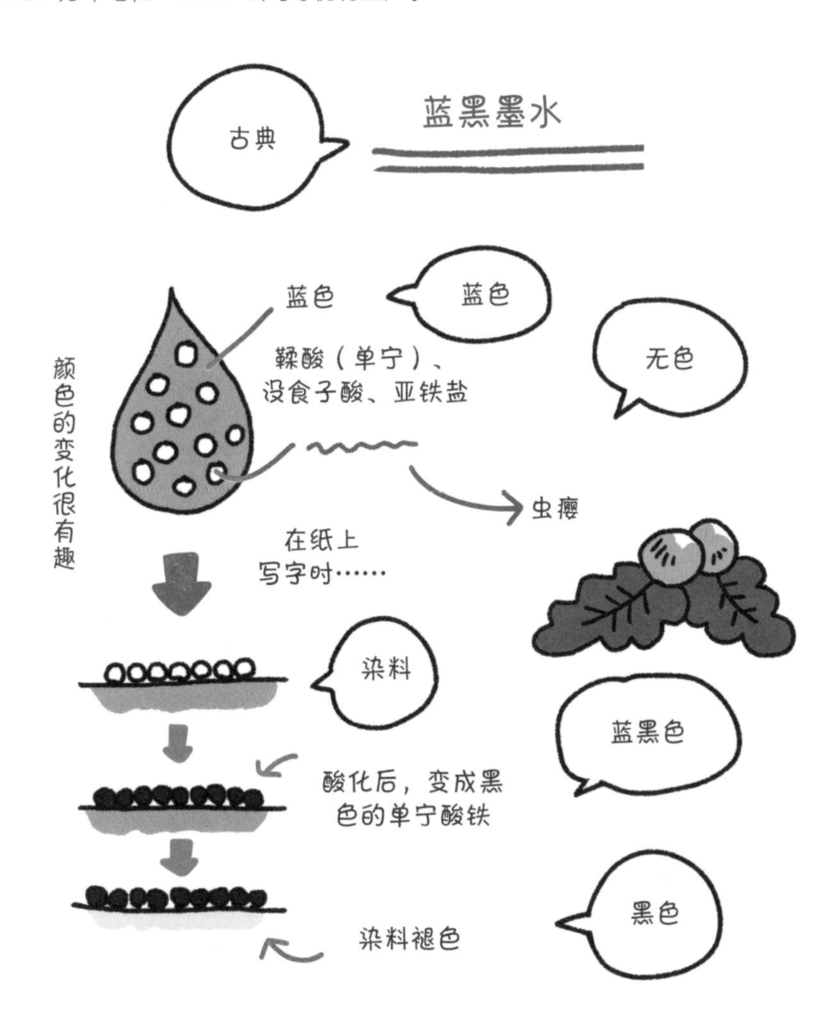

如今的万年笔现状

日本最高级的万年笔是 Namiki 品牌吗

说起高级万年笔的代表，那必须是 Namiki 的“描金绘万年笔”。文具制造商 Pilot 的前身为守护日本传统文化，它们以 Namiki 品牌的名义，发售了这款用描金绘和嵌金装饰的万年笔。Namiki 描金绘万年笔中的巅峰系列叫“Emperor Collection”。其中的 50 号钢笔和 90 年前生产的大型描金绘万年笔同样大小，在硬橡胶削成的笔杆上画上高难度的“研出高描金绘”。

经典的成人万年笔

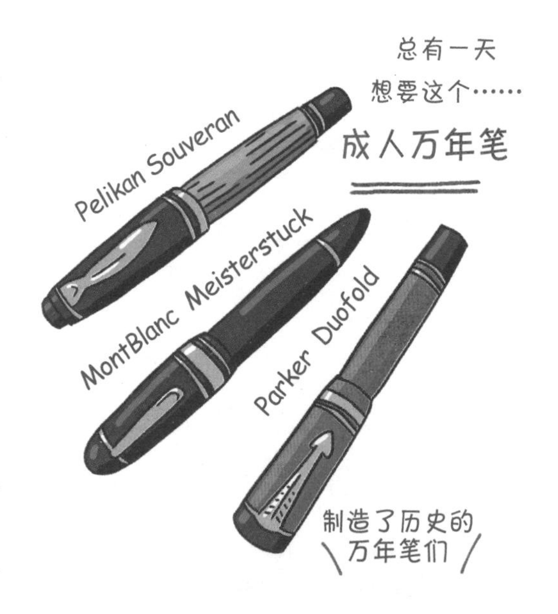

许多著名人士和作家都爱用万年笔。Parker 的“Duofold”、MontBlanc 的“Meisterstuck”，以及 Pelikan 的“Souveran M500”等都很有名。

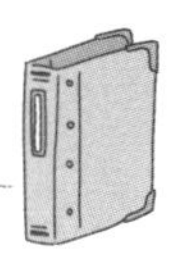

初次接触万年笔，选时尚的

年轻人第一次购买万年笔的话，我想推荐LAMY的“Safari”，价格合理又很时尚。设计的特别之处是采用红、蓝、黄等原色系，以及偏大的钢笔夹，书写感也很顺畅。Pilot的“Capless”为按压式，用起来有圆珠笔的感觉，同样适合入门者。

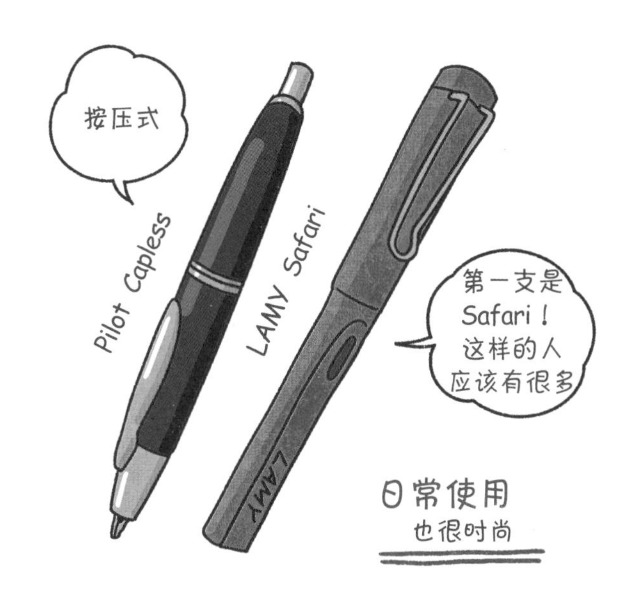

便宜实惠、随心使用

最近，市面上出现了很多面向初学者的万年笔。Pilot的“Kakuno”、Platinum万年笔的“Preppy”“Plaisir”等价格实惠，无论是大人还是小孩都能轻松购买。

马克笔

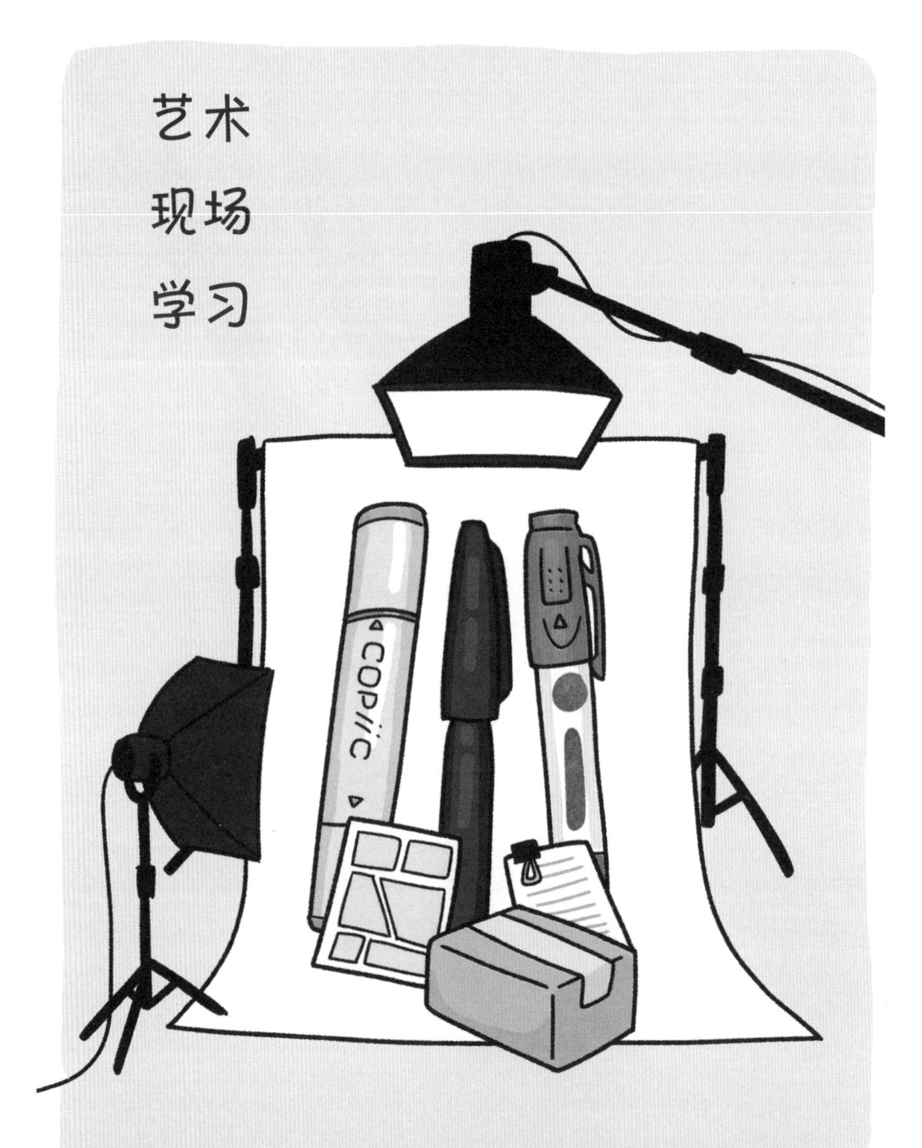

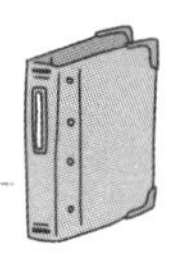

日本最早的马克笔是 Magic Ink

1953 年，笔头用纤维制成的马克笔（也叫毛毡笔）在日本发售。最早是由寺西化学工业发售的“Magic Ink”。“Magic Ink”属于油性，无论在什么地方都能书写，所以被叫作“魔法墨水”，大获好评。

连太空都去过的马克笔

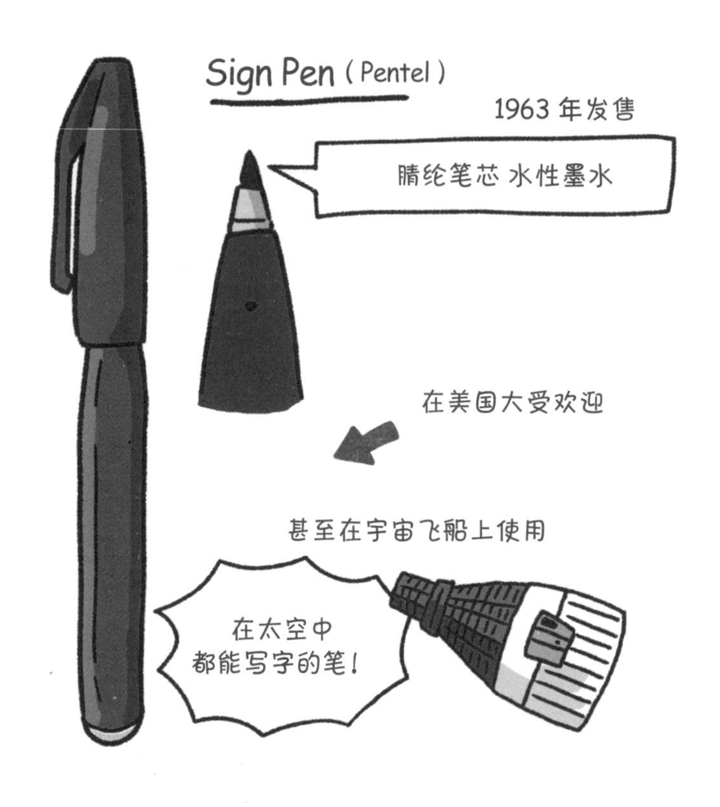

紧跟着“Magic Ink”，又有几款笔头采用毛毡材质和化学纤维的产品被开发出来。其中之一就是大日本文具（现在的 Pentel）于 1963 年开发的“Pentel Sign Pen”。它划时代的特性是，笔头采用腈纶材质，用不容易晕开的水性墨水可以写出很细的字。当时美国的总统林登·约翰逊十分喜欢，这款马克笔在美国也大受欢迎。1965—1966 年，NASA 在双子星座载人飞行计划中采用了“Sign Pen”，它甚至被带到太空中使用。

像植物吸水一样的工作原理

利用毛细现象将墨水供给笔头

笔头采用纤维材质的马克笔，特点是利用纤维特有的毛细现象，就跟植物吸水一样的工作原理，将墨水供给笔头。墨水储存方法有让绵芯吸附墨水的中绵式，以及直接储存液体的直液式。

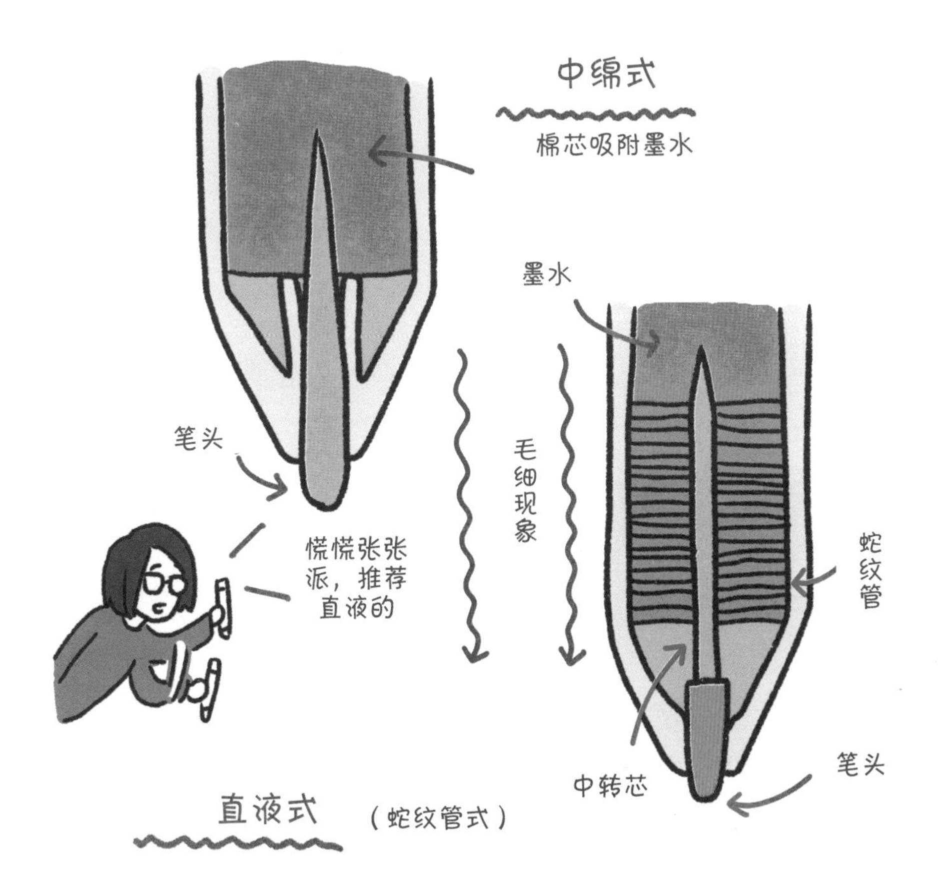

哪里都能写的油性与色彩鲜艳的水性

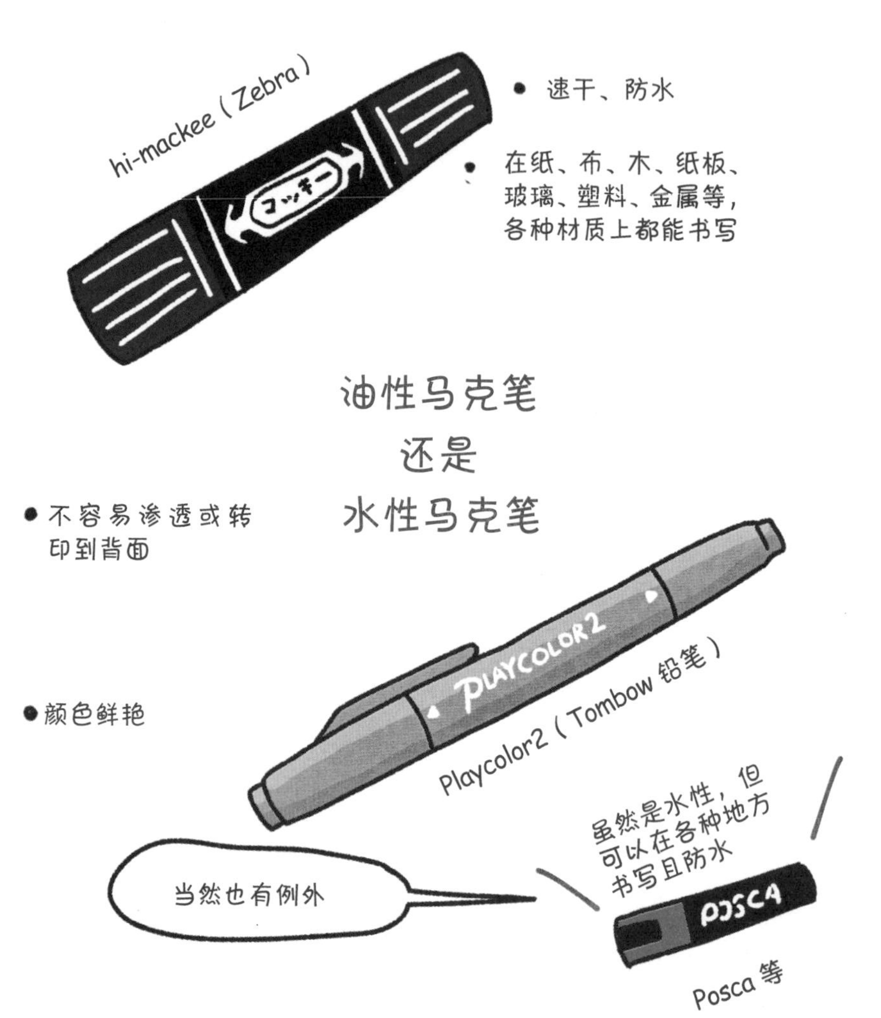

若将马克笔粗略分类，可以分为油性和水性。油性笔具有速干的特性，而且能在各种地方写字。水性笔则无法在与水相斥的东西上写字，但色彩鲜艳。不过也有例外，三菱铅笔的“Posca”集合双方优点，虽然属于水性笔，却能在各种材质上书写，颜色也很艳丽。

重要的地方用荧光笔

荧光笔（标记笔）属于马克笔的一种，可以说是学生必备的学习用品。最初只有黄色和粉色等有限的几种颜色，现在则有非常丰富的颜色。世界上最早的荧光笔于 1971 年由德国 Stabilo 公司发售。1974 年，Tombow 铅笔在日本发售了第一款日本产荧光笔。

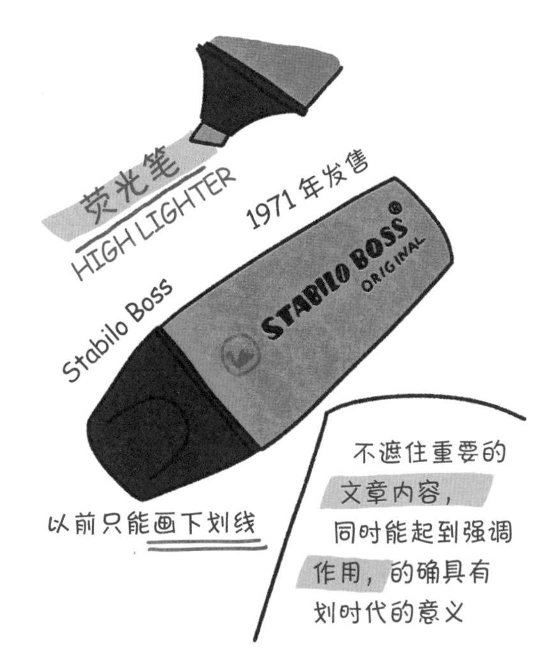

Check Pen，默记用的必需品

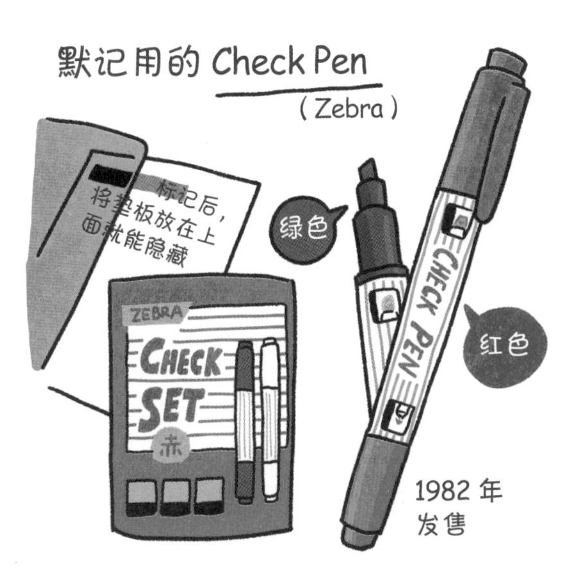

运用荧光笔技术，Zebra 公司于 1982 年发售了一款默记用的“Check Pen”。用它涂抹教科书上的文章和单词，然后将透光的垫板放在上面，涂抹部分就会变黑、看不见字。最早只有红绿两种颜色，现在增加了粉色和蓝色，并做了一些改良，例如使用不会渗透到纸张反面的墨水等。

秀丽笔

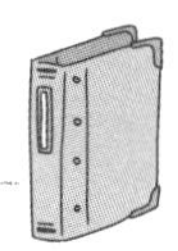

世界上最早的秀丽笔

秀丽笔的笔头也是由纤维制成，属于毛毡笔的一种。1972 年，Sailor 万年笔公司发售了世界上最早的秀丽笔。同年，吴竹精升堂（现为吴竹）发售了“kure 竹笔 pen”，书写感近似于毛笔，大获好评和欢迎。现在，这款笔的名称中拿掉了“pen”，直接叫作“kure 竹笔”，并按照系列售卖。

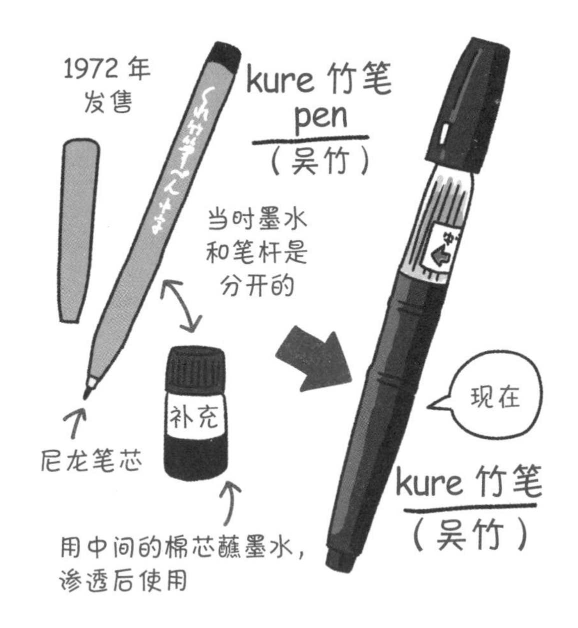

仿佛含有饱满的墨汁

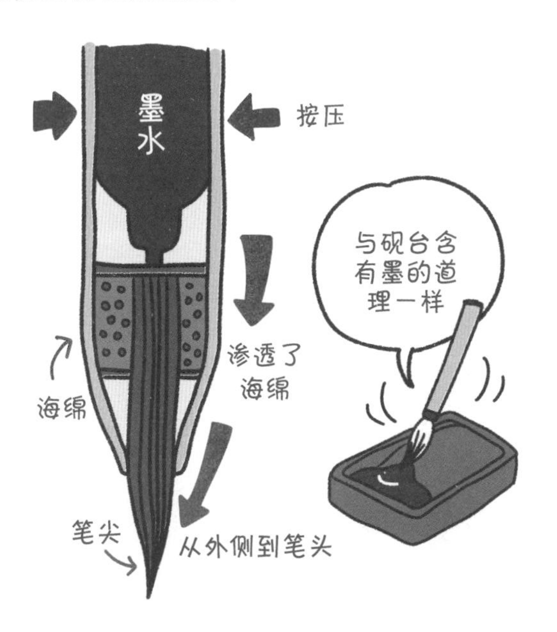

通常毛毡笔会利用毛细现象，采用中绵式和直液式向笔头提供墨水。然而，秀丽笔需要更多墨水，用手指挤压墨囊从而向笔头提供墨水的挤压式较为常见。

如今的秀丽笔现状

庆祝与悲伤时刻用笔

说起秀丽笔的使用场景，脑海中首先浮现出来的是喜事和丧事。喜事红包 / 丧事白包上面的字，大多数人不都会考虑用毛笔来写吗？总之，如果要买一支秀丽笔，推荐可写出纯黑色和淡墨色的喜丧两用产品。

共 18 色的秀丽笔，简直是绘画用具！

彩色的秀丽笔

Art brush（Pentel）

创作艺术作品时
也可以使用

被用作
绘画用具

除墨色以外，Pentel 的“Art brush”还集合了各种各样的颜色。这款产品总共有 18 种颜色以及丰富的色彩变化，不仅可作为书写文字的笔记工具，还可以作为绘画用具，深得人们喜爱。

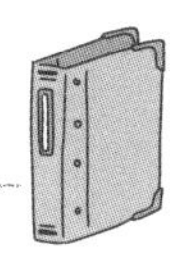

外观和墨水都很可爱

吴竹的“COCOIRO”，外观是简便的万年笔风格，实际上则是秀丽笔。笔杆有 16 种颜色，墨水则有 12 种色彩变化，是一款能带来无穷乐趣的产品。“WINK OF STELLA BRUSH”的水彩笔墨水中含有闪粉，总共 9 种颜色。它能将手账装饰得可爱又多姿多彩，在女性当中人气很高。

收笔、提笔、扫笔，写出漂亮的文字

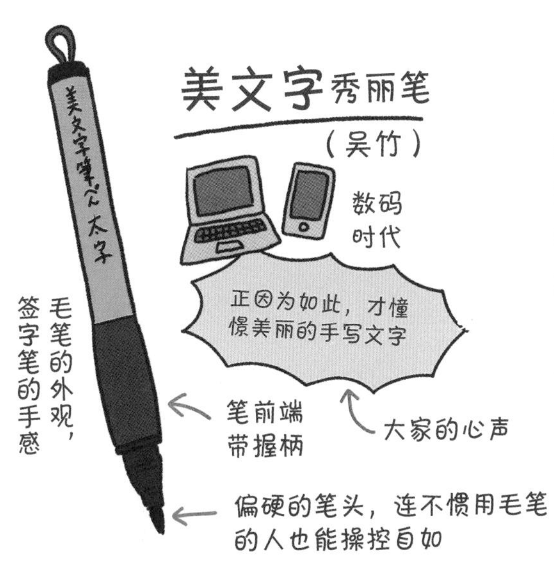

吴竹着眼于漂亮的字，从而开发出一款美文字秀丽笔。产品采用易握的橡胶笔杆，以及更好操控的笔头硬度。即使不惯用毛笔的人，也可以画出顺滑的收笔、提笔、扫笔等线条，因此便能写出漂亮的文字。笔头有五种粗细供选择。

橡皮

将错误
擦掉
隐藏
带走

最早的橡皮竟然是面包

从面包到天然橡胶，然后是塑胶

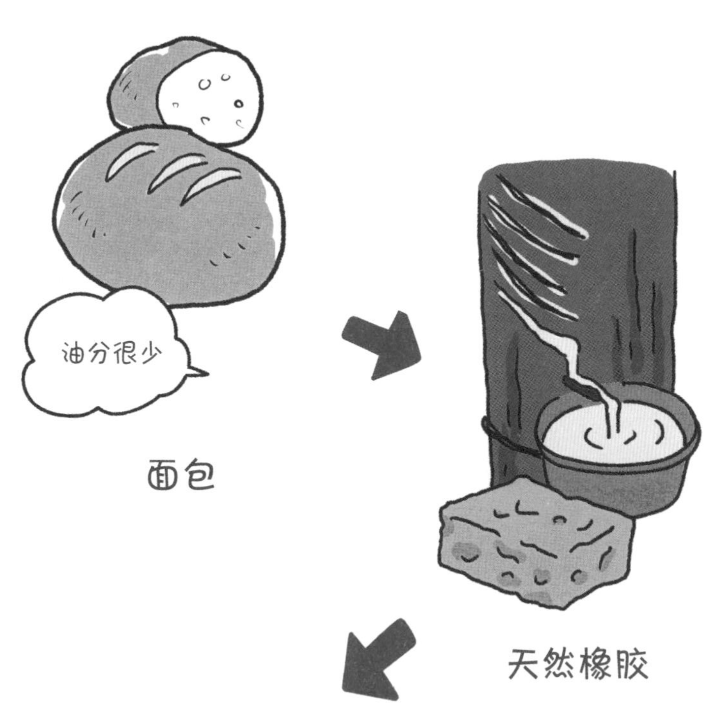

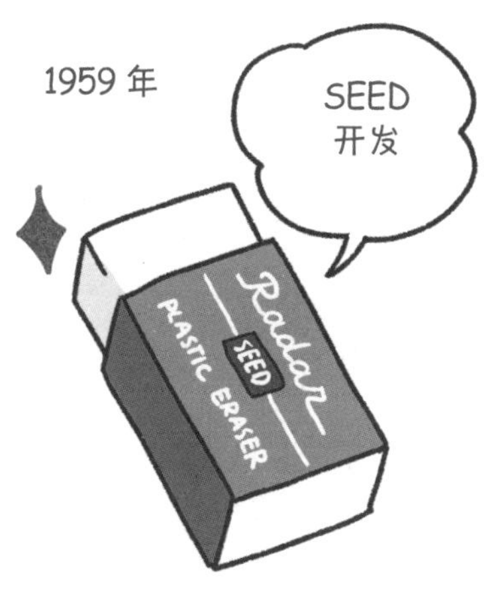

橡皮诞生于1770年。英国的Joseph Priestley发现天然橡胶可以擦掉铅笔写下的字，以此为开端。那之前，人们将干面包当作橡皮使用，因为此种渊源，直到现在干面包仍被用于铅笔素描绘画中。当下的主流是塑胶制橡皮，于1959年由SEED GOM工业（现为SEED）开发出来。

包裹住黑铅，从纸面粘走

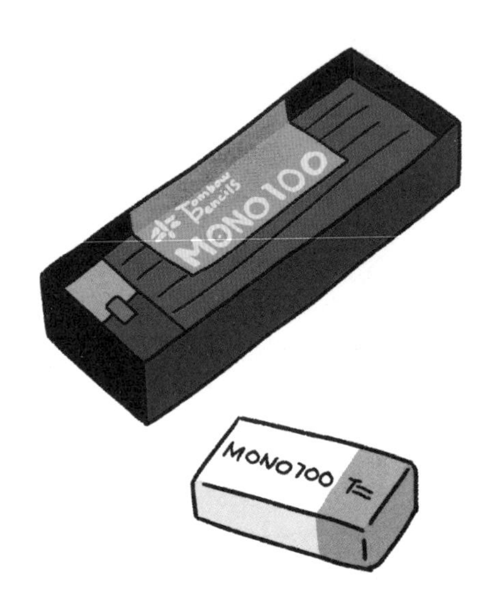

橡皮（包括塑胶制品）能擦掉铅笔字迹的原理是，橡胶将纸上的黑铅粒子包裹住，然后从纸面粘走。橡皮表面受到摩擦后被蹭掉，下面露出新的橡胶面。重复该操作，就能将字迹完全擦除了。

被当作赠品的经典款橡皮

橡皮的经典款是来自 Tombow 铅笔的“MONO 橡皮”。最早是在 1967 年发售的高级铅笔“MONO-100”成打盒装中，MONO 橡皮作为赠品被捆绑销售。因为好评如潮，于 1969 年开始单独生产售卖。

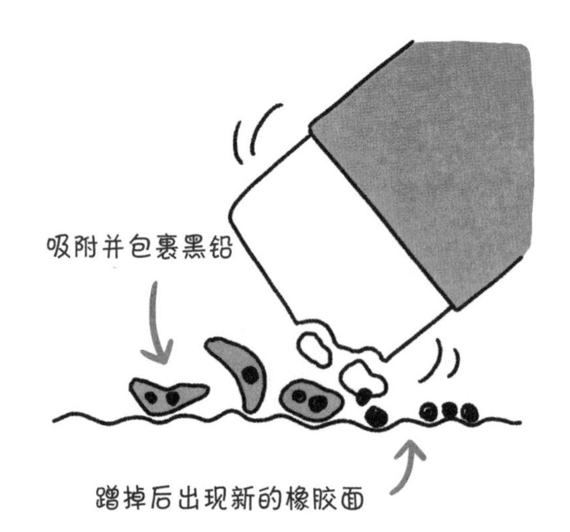

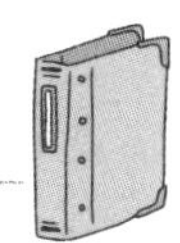

如今的橡皮现状

橡皮界的“三国鼎立”

日本人气橡皮

人气的塑胶橡皮也有势力范围。总公司设在大阪的 SEED 品牌售卖的“Radar”在日本关西地区很受欢迎；以东京为大本营的 Tombow 铅笔的“MONO 橡皮”，以及 Hoshiya 的“Keep”，则分别在日本关东地区和中部地区很有人气。

简简单单，让橡皮屑不四处飞散

Hinodewashi 售卖的“Matomaru 君”，为解决大量产生的橡皮屑而开发。该产品采用柔软的塑胶，橡皮屑会附着于橡皮自身，收集起来再处理就很简单。推荐给漫画家等高频使用橡皮的人。

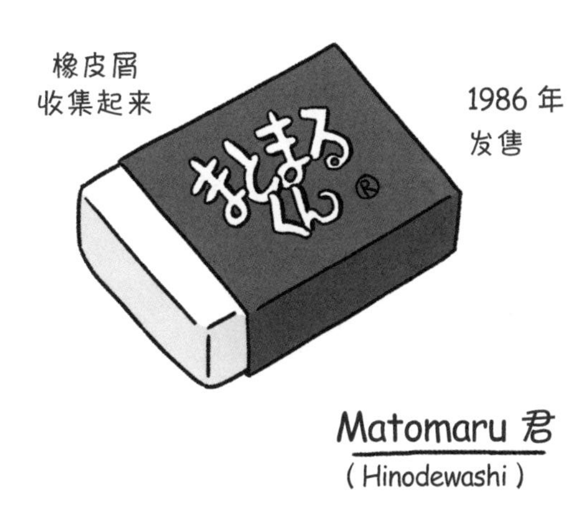

Matomaru 君
（Hinodewashi）

绝佳擦除效果的秘密在于“空气”

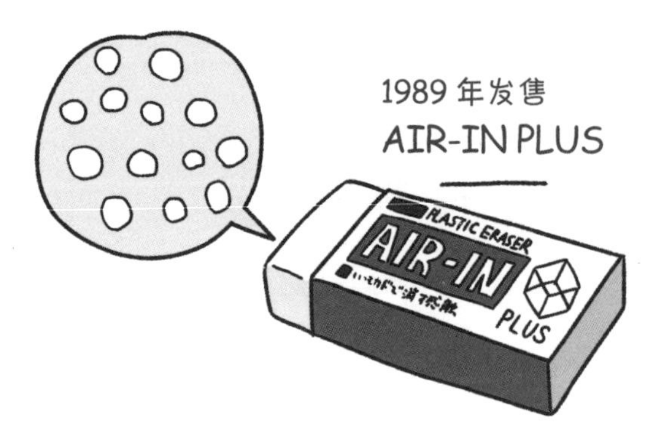

配合多孔陶瓷微粉，
保持用橡皮角擦除的触感

橡皮的角更容易擦除字迹。为保持用那个角来擦除的感觉，PLUS 的“AIR-IN”向橡皮内部加入空气粒子（多孔陶瓷微粉）。接着进一步升级成“W AIR-IN”，向里面追加了胶囊微粉，只需轻轻一擦就能擦掉。

角越多，越容易擦掉

将橡皮角的设计升级后，Kokuyo 诞生了一款新产品叫“Kadokeshi”（积木橡皮）。总共有 28 个角，在使用的同时还会产生新的橡皮角。细小的文字用角擦除，大的范围则用面来擦除。这款橡皮曾入选纽约现代艺术博物馆（MOMA）的设计类馆藏。

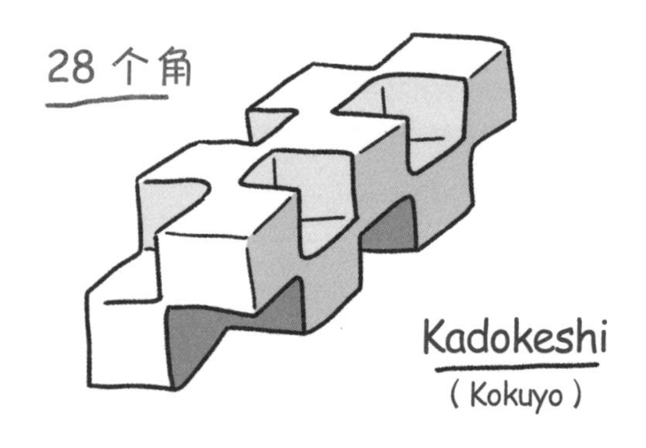

入选纽约现代艺术博物馆的馆藏！

最适合绘图和设计的橡皮

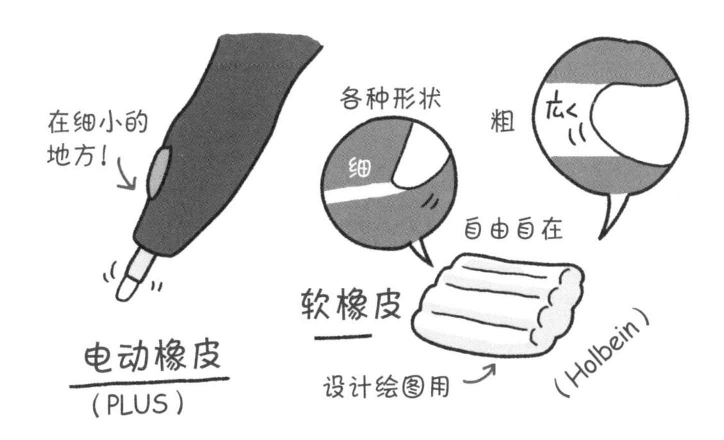

电动橡皮利用电池使橡皮前端转动，在绘图等需要擦除细小部分的情况下非常方便。在画设计草图的时候，则会用到像黏土一样柔软的软橡皮。这种橡皮可以大量吸附黑铅，所以相当好用。

圆珠笔、万年笔和打字机皆可用的橡皮

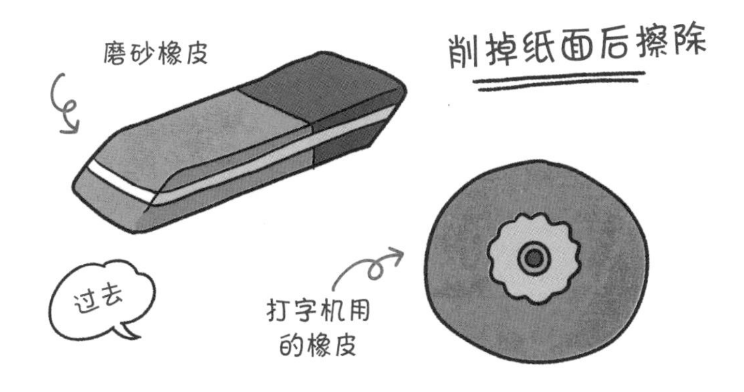

有一种可擦除圆珠笔、万年笔和打字机字迹的磨砂橡皮。它能像锉刀一样把纸面削掉，在修正液登场前人们普遍使用它。打字机用的橡皮做成只能擦除一行字的薄板状，有圆形和八边形等形状。

修正液·修正带

诞生的契机是秘书的“麻烦”

没有修正液的时代，只要打错一个字就得从头再来。在美国一家银行当秘书的 Bette Graham 小姐，心想真是“太麻烦了”，于是，她开始研究在打错的地方涂一涂就变白的修正液。1951 年，这种修正液被命名为“Mistakeout”(消除错误)，正式投入生产，并成立公司，以“Liquid Paper”为名的品牌大获成功。

笔变了，修正液也要改变

最早的日本产修正液，是 1970 年由丸十化成公司发售的“MISNON”。丸十化成早早就有发售蘸水笔用的墨水消除剂“GANGY”。然而，它只能让墨水变成白色，却无法对圆珠笔的油墨起作用。因此，人们又针对圆珠笔开发出涂抹后会变白的修正液。

笔头比刷子还厉害

从笔头出修正液的“瓶身挤压式”

自从修正液诞生以来，它一直是用刷子涂改的方式，直到1983年，Pentel公司发售了笔头出液的修正液。瓶身挤压式（挤压后出液）是给笔尖供液的构造，能够修正细小的地方，因此很受欢迎。此后，其他公司紧跟其后，纷纷发售笔形修正液。顺便提一句，摇动瓶身时会发出咔嚓咔嚓的响声，那是为了防止修正液分离和沉淀，在内部藏了金属球的缘故。

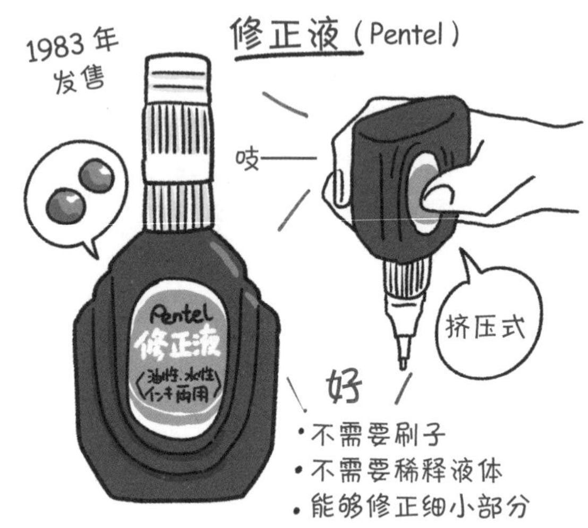

发出咔嚓咔嚓声响的
瓶体里有两个金属球

笔式和瓶式，平分天下

还有不用摇动和按压的内部加压式

笔式修正液出现之后，按压笔盖出液的拔帽式、按压尾部出液的按动式等修正笔陆续登场。需要大范围涂改的情况下，使用瓶刷式修正液；想要进行小部分的修正时，笔式修正液更适用。两者平分市场，和谐共处。

“干燥”这一点很有魅力

涂改用品在很长一段时间内都以液体为主流。1989 年，以橡皮闻名的 SEED 公司发售了一款修正带“Keshiwado”，只要在希望涂改的地方按下去，往后拉，就会覆盖一条白色粉带。因为本身是干型粉带，不必等其凝固，立刻就能在上面书写，所以实在是划时代的产品。

Keshiwado（SEED）

修正带的革新永无休止

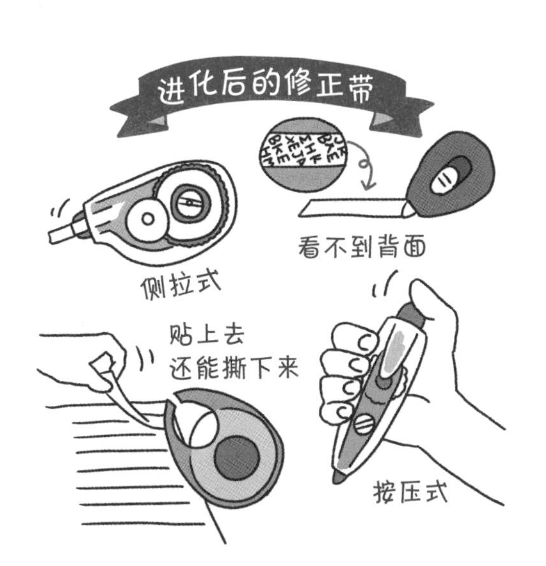

获得上文提到的 SEED 公司的许可证之后，各家公司都开始发售修正带。修正带背面印上图案、从纸张反面看不清文字的产品，以及贴上去还能撕下来的产品，悉数登场。紧接着，还有横向刷贴修正带的产品，像笔一样按压后出修正带的产品，以及注重设计感的产品等，都纷纷上市开售。

文具周边史 1 文具店

日本街头巷尾的风情文具店

日本文具店数量减少到一万家

大家一般都会去哪里买文具呢？是附近的文具店，还是超市或便利店？最近，去物美价廉的文具店和利用网上购物的人多了起来。

20 世纪 20 至 80 年代出生的人，一听到“文具店”，大多会联想到学校附近和商业街上个人经营的小店。的确，在 20 世纪 30 至 50 年代，日本大约有三万家文具店，如果要买文具，一大半人都会直接去附近的文具店。然而，现在日本却只剩下一万家文具店，有的城镇甚至连一家都找不到。

后继无人，再加上少子化危机，以及前文所说的购买场所多样化，都对店铺数量的锐减产生了很大影响。

门可罗雀的文具店仍不倒闭的理由

在文具业界通常有两种销售方式：一种是商店直接卖东西给个人客户（零售）；另一种是根据公司、学校、机关等的订单供货。

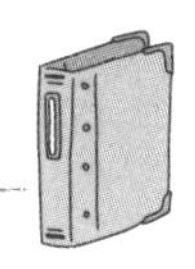

几乎见不到什么客人却能长期维持经营的文具店，不觉得不可思议吗？其实就如前面所说，他们可能有公司、学校、机关等客户的营收，这是一般消费者看不到的。然而，由于近年来电脑的普及和无纸化的推进，办公场所不像以前那么需要纸和文具了，这也是文具店营业额不断减少的原因之一。

顺便提一下，那些对公的交易，不仅限于文具用品，还包括以桌椅为主

的各类办公室家具销售，这可能远远超出文具的营业额。有的文具店还会承接印刷品制作和活动筹划等项目。这样的文具店，其实是在我们看不见的地方默默扮演着“办公室便利店”的角色。

服务于办公室的新业务

1993年，文具制造商PLUS开创的新业务，将前述“办公室便利店”的买卖进一步商业化，大获成功。他们代办此前文具店经营的办公用品销售、配送等业务，下单的商品第二天就能送达，即“明天就来”。

不仅限于PLUS自己的产品，还广泛经办其他各公司的产品，中小规模的办公室需求急剧增加，业绩蒸蒸日上，至今仍是日本办公室不可或缺的最强搭档。

跳过做小买卖的文具店，直接将商品配送给客户，这样的服务加剧了文具店数量减少的趋势。他们进一步展开从地方文具店获取新客户的经营活动，承接货款回收、债券管理等业务，并自己制作商品目录、接受商品的订货和发货，这种业务构成致使更多文具店利润下滑。

进入选择文具店的时代

让我们再次将目光转向实体店铺。开头部分我们说到文具店数量锐减，但是符合现代需求的文具店的数量却在增加。

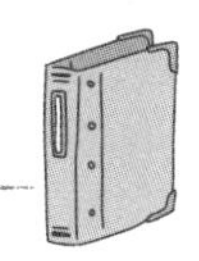

比如，像东急 HANDS 和 LOFT[1] 那样，从实用商品到华丽好看的商品样样俱全、魅力十足的大型商店；或者像银座的伊东屋那样，精选来自世界各地的优质文具，同时也是经销原创商品的专门店……这类店铺总是人头攒动。此外，还有规模虽小但集合种种时尚文具和饰品的选品店，以及除文具外还售卖杂货的日杂店，这类文具店在日本城镇街区也很常见。

今天，我们现在进入这样一个时代——不仅选择文具，同时也享受选择文具店的美妙，这是时代馈赠的礼物。

❶ 东急 HANDS 和 LOFT
东急 HANDS 是东急集团旗下的日杂店，LOFT 则是西武百货为了与之抗衡而创立的日杂店。两者的文具用品种类都十分丰富。

第二章

各种各样的本

笔记本

记录和记忆

思考的财富

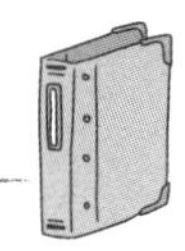

线装笔记本，再见了

西洋纸笔记本伴随着文明开化

在日本，原本大家都用和纸装订起来的笔记本，直到1884年，一家叫松屋的文具店开始发售西洋纸笔记本，更适合铅笔和钢笔书写。当时，松屋开在帝国大学（现在的东京大学）对面，因此又被称作“大学笔记本”。

用黏合剂装订的Campus笔记本登场了

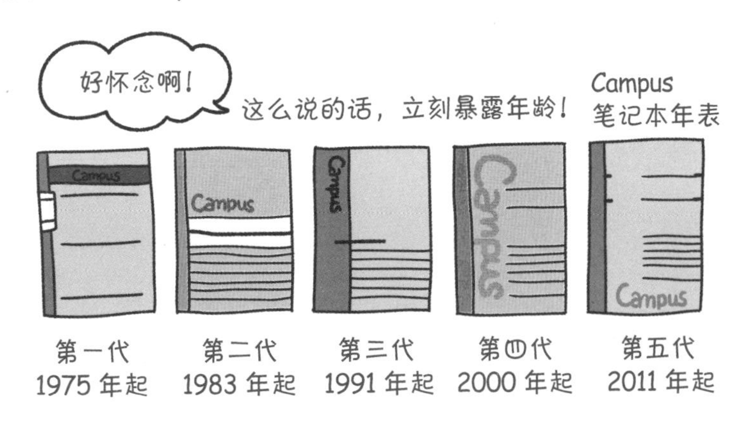

起初，大学笔记本都是用线装订的，并在短时间内成为主流。1975年，发生了巨大的变化：Kokuyo公司放弃使用线和订书机，改用黏合剂来装订纸张，并发售了Campus笔记本。价格合理，学生们都很高兴。顺便提一下，Campus笔记本的“Campus”，是以“大学校园”为形象来命名的。

装订方式的变革

从前的线装笔记本

从前大学笔记本的主流是线装，装订方法是左右两页纸中间缝上一根细线。它的优点是纸页不容易掉落，而且耐用。也有用订书机代替细线来装订的骑马订和平订笔记本。

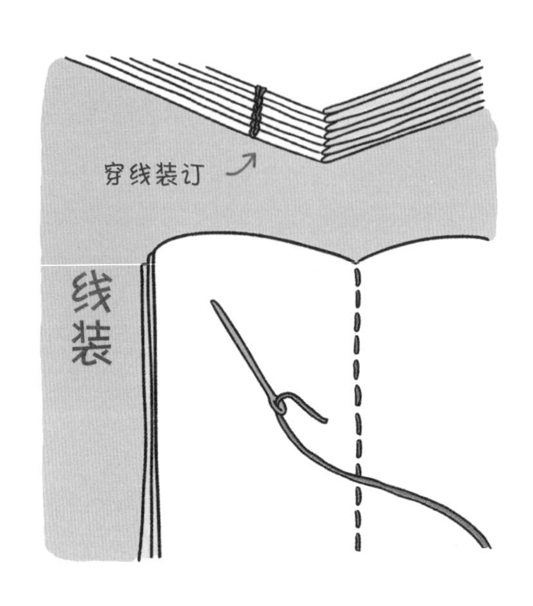

无线装订的“线”是什么？

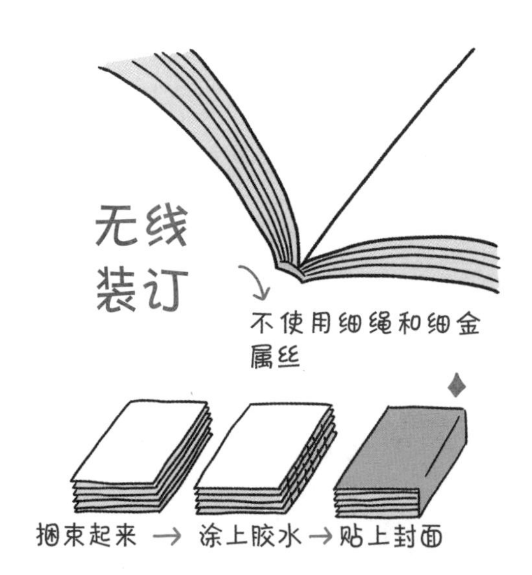

现在市面上常见的笔记本，像 Campus 笔记本等都属于无线装订。所谓“线”，通常是指细绳或细金属丝。无线装订笔记本并不使用这类东西，而是直接用黏合剂将纸张贴在封面上，因此被称作“无线”。优点是加工起来很简单，成本更低，因此价格也更便宜。从前有不少关于无线装订容易掉页的批评声，现在已经有了很大的改善。

可以转动、节省空间的活页装订

将纸张用环状金属圈串起来的装订方式叫“活页装订”。书页不用手按就能 180° 平摊，即使 360° 打开也很节省空间。螺旋线圈是一根螺旋状的金属丝，制造成本很低，因此也很便宜。还有使用两根金属丝的双线圈笔记本，优点是翻开时不会左右滑动。

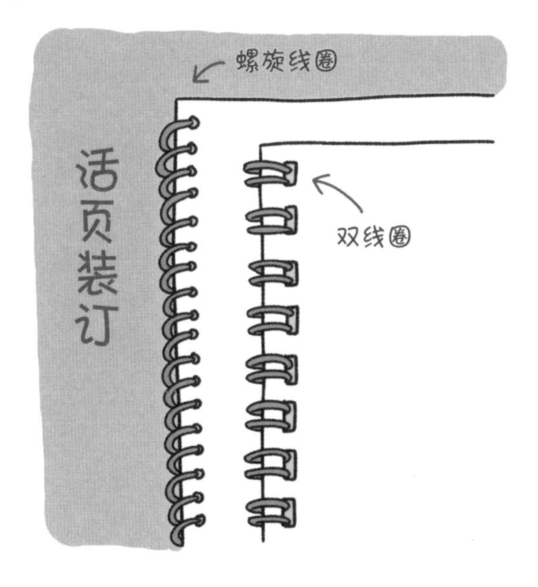

专栏

和式装订

从中国传来的装订方法，经过日本的再加工，变成了“和式装订”。因为制作数量很少，现在只有在日本民间工艺品商店等地方还有售卖手工原创的和式装订笔记本。

格线设计有讲究

格线任君挑选

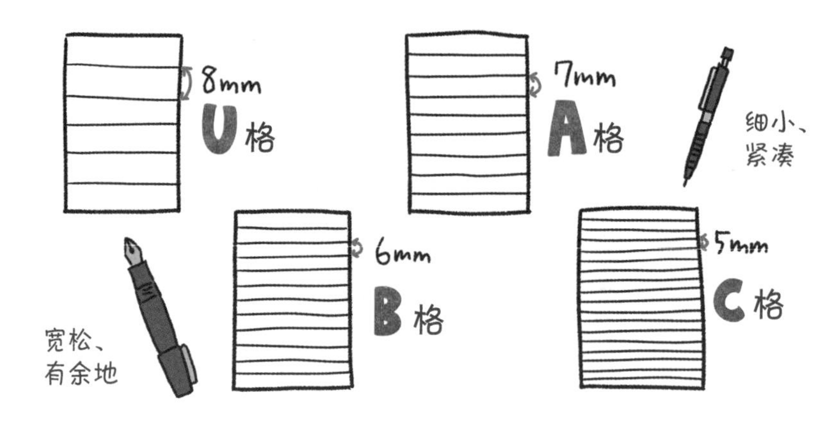

印刷在纸页上的线条被称为“格线”。根据格线之间距离的不同，有各种称呼方式，7 毫米是“A 格”，6 毫米是“B 格”，5 毫米是“C 格”，8 毫米是“U 格”，等等。日本需求量最大的是 A 格和 B 格笔记本。

适合想要自由书写的你

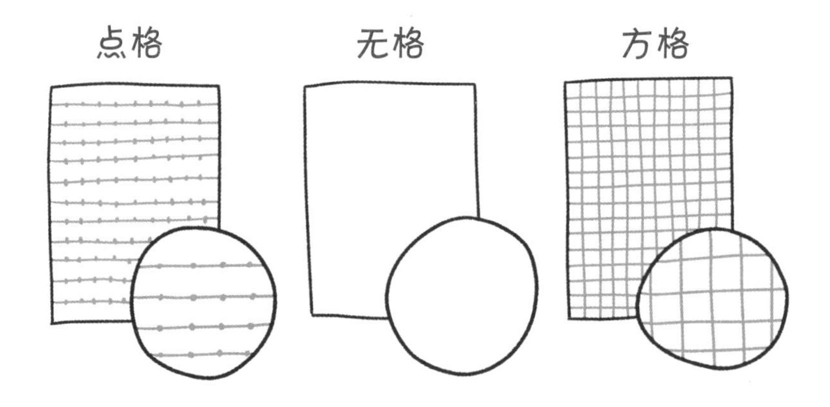

针对有绘制图表和设计草图需求的人群，推荐印有等间距小点的点格、什么都没有的无格，以及格子状的方格等笔记本。尤其是点格和方格笔记本，可以起到引导作用。无论是写文章还是画图表都能工整漂亮，用起来也十分方便。

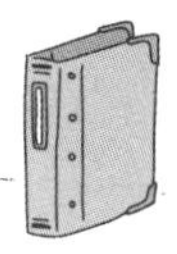

全体集合！格线全明星

即使纸张和尺寸完全相同，只要格线不同，笔记本的用途就完全不同了。下图中，从学生时代起陪伴我们的笔记本，到专业用途的笔记本，应有尽有。

原稿格能让你体验当文学家的感觉，而且可以轻松计算字数，十分便利。

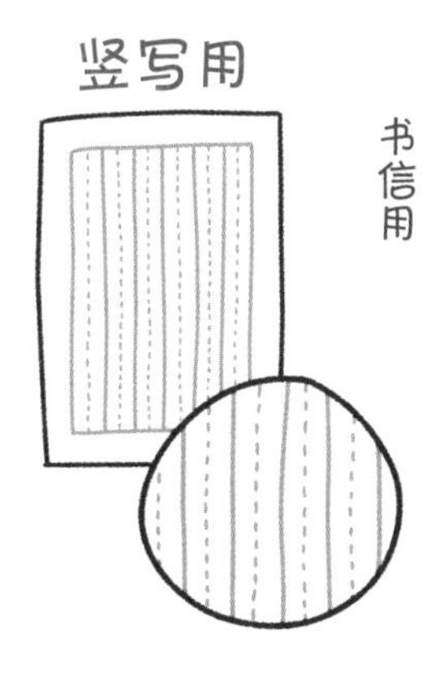

写书信或长文章的话，竖写比较没有违和感，这样想的人很多吧？

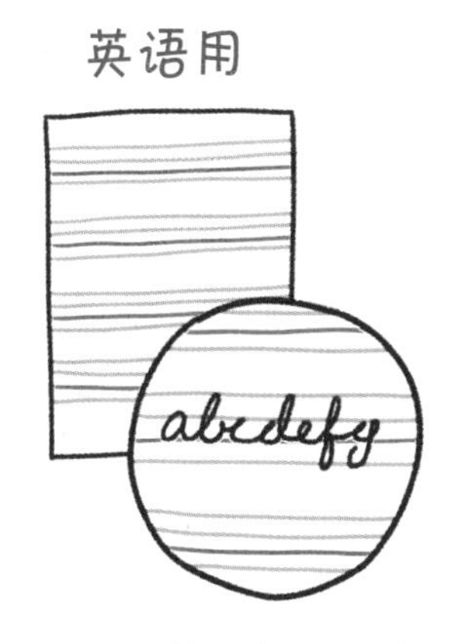

四线笔记本，无论谁都曾被它关照过，好怀念啊！

五线谱笔记本，美妙旋律的源泉。

突然想到什么，马上就写一句。小小的本子简洁却很有感觉。

好看笔记本的秘诀是有辅助线

使用 Nakabayashi 公司的 Logical 笔记本，任谁都能做出工整漂亮的笔记，因此大卖。除了常规的横格线，它又在中间划了两条等分虚线，再加上竖虚线，按照这些格线来写字，行与行之间能够留出同等间距，段落行首也可以整齐划一。绘图或制表的时候，仅凭手描就能做到严丝合缝。

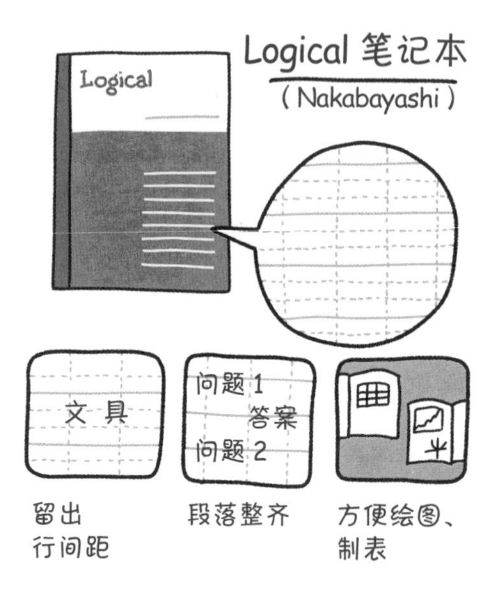

你还没试过康奈尔模版吗

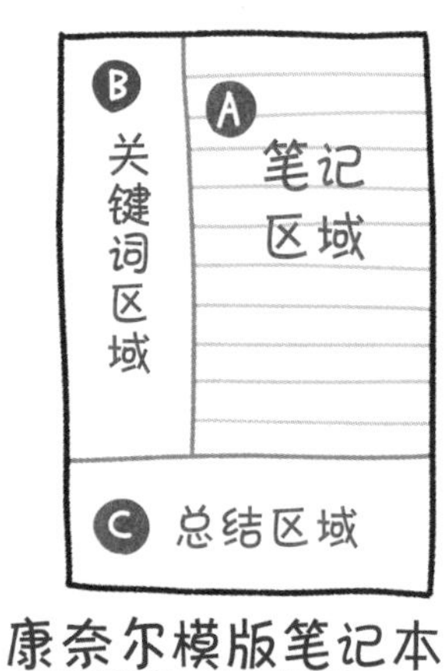

A 笔记区域

记录课堂上、会议中的内容

B 关键词区域

记录重要的关键词、关键点

C 总结区域

概括每一页的内容

由美国康奈尔大学开发、Gakken Sta:Ful 公司发售的“康奈尔模版笔记本”，划分为笔记区域、关键词区域、总结区域三个部分。这款笔记本要点明确，还能够促进理解和分析，实属优质产品。

你有所不知的“Campus 笔记本世界”

Kokuyo 公司的 Campus 笔记本，实际上有超过 190 种品类（截至 2018 年 3 月末，不包含封面颜色和套装等），其中存在许多我们并不知晓却很有人气的优秀笔记本。以下将选择一部分进行介绍。

实用性丰富，按照方格、点格、白纸的顺序排列。封面是魅力十足的成人设计风格。

成人 Campus

阅读、书写、携带，都刚刚好。

比较轻薄

Campus

轻便 B5 尺寸

讨厌东西很重！针对这类人群很好卖。意外成为非常好用的经典款。

B5 大小的打印纸可以直接贴上去，实在是开心，初高中生的最佳拍档！

可用来贴打印纸

附有袋子的笔记本，对经常要领取或交付打印纸的学生来说，是难得的好产品。

汇总管理笔记和打印纸

整理打印纸

带封套笔记本

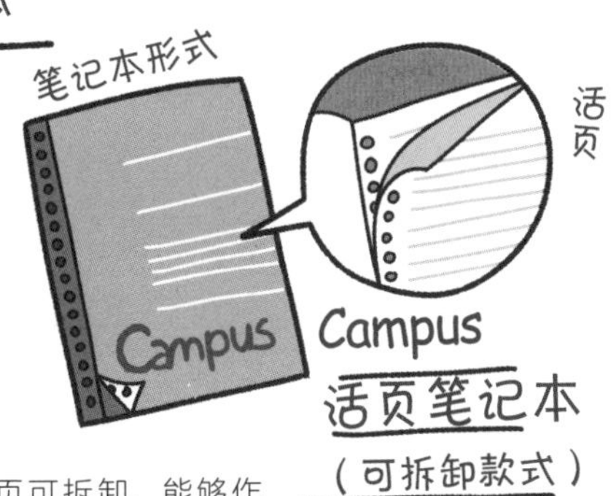

纸页可拆卸，能够作为活页本使用。对应 26 孔的封面和 2 孔的文档。

活页本·活页夹

可自由增添、替换的笔记本

活页本指可以从后面增添、替换纸张的活页夹式笔记本，于1913年由美国的Richard Prentice Ettinger设计发明。根据日本工业规格的标准，对活页笔记本孔的数量、大小和位置都有具体要求，无论使用哪一家制造商的产品，都能同活页封面和纸张匹配。

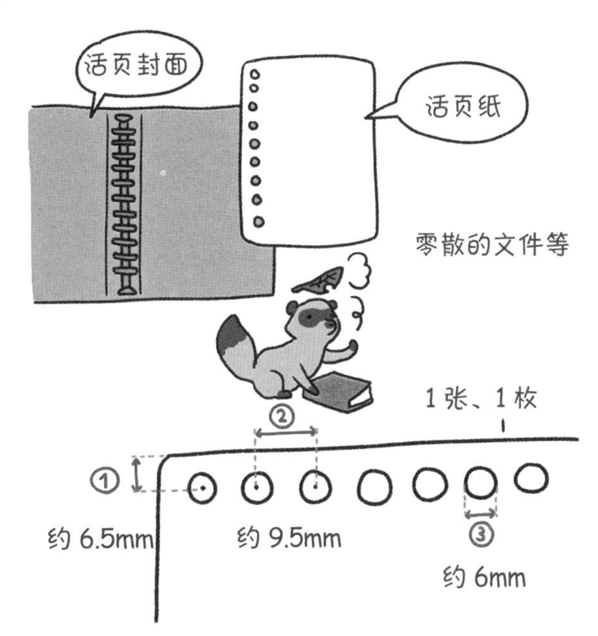

日本有三种尺寸，欧美的主流是3孔和4孔

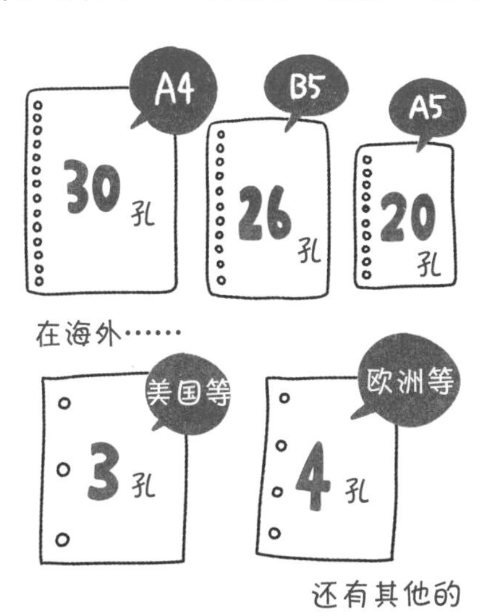

符合日本工业规格的尺寸有A4、B5、A5这三种，行间距则定为A格（7mm间距）和B格（6mm间距）这两种类型。纸张是A4的30孔、B5的26孔和A5的20孔。不过，这只是日本的规格，美国的主流是3孔，欧洲的主流是4孔。

活页夹的“心脏”

金属装订工具，牢牢守护文件

可被称为“活页夹心脏”的装订工具，分为金属材质和塑料材质两种。金属装订的活页夹，包括封面一起牢固装订起来，适用于重要文件的长期保存。Kokuyo 公司的“Binder MP”，特点是采用复古感满满的全贴布封面。它有着优异的耐久性，且采用两边打开的“W 形装订工具”，使用起来也很方便，因此长期畅销。

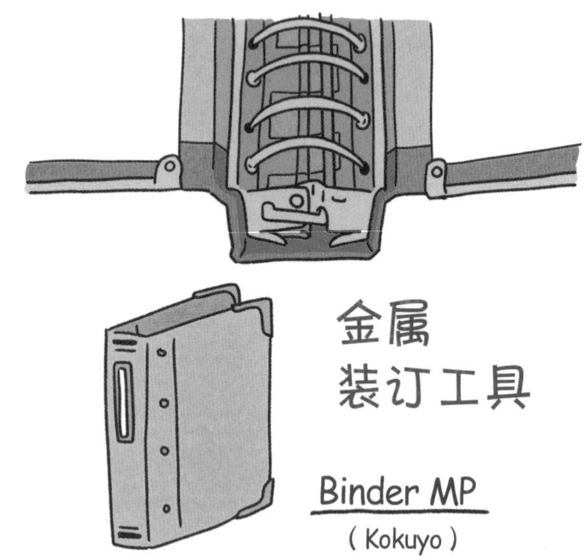

塑料装订工具，轻巧便宜的选择

塑料材质的装订工具，特点是重量轻、价格便宜。如果要随身携带，建议选择有上锁功能且不易脱落的产品。顺便提一下，活页夹历史上的大热产品是 1971 年发售的 Maruman“透明活页夹 VUE 系列《做你自己》”。封面可替换成自己喜欢的照片，因此在学生中卖得超级火爆。可惜，现在已经不再生产了。

减少金属环，手就不会碰到了

往活页夹里加上活页纸后使用，装订用的金属环会时不时地碰到手，不便于书写。因此，很多人特意把纸张拿出来再写字。考虑到这一点，KING JIM 的“TEFREN”将中间部分的金属环去掉，即使纸张夹在里面，书写时也不会碰到障碍，用起来很方便。

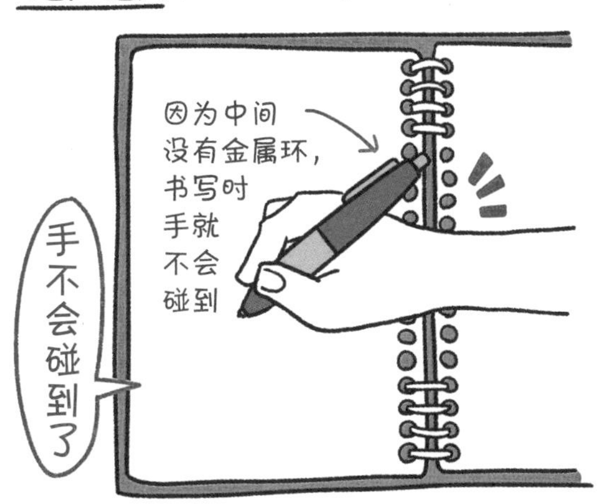

可 360° 翻折，用起来潇洒自如

封面可以 360° 翻折的产品，来自 Kokuyo 公司的“Campus 活页夹（Smart Ring）”。就像金属环装订的笔记本那样，纸张能够完全翻转，不占地方。整体设计轻便小巧，即使放入手提包内也不会有负担。

根据喜好随时替换活页夹的内容

这种活页纸，想介绍给具有艺术家气质的人

活页本中，除了作为笔记本使用的横格纸张，还有竖格纸张、速写纸张、绘画纸张等各种替换用纸。其中，也有孔为爱心形的时髦产品。因为孔的位置相同，你可以自由组合纸张，这便是活页本啊！

不仅限于专用纸，还有其他便利的替换物

活页夹的替换物当中，还有可将资料放入其中的透明文件夹、卡片袋、带滑扣文件袋等。你可以把文具放入一本活页夹中使用，也可以根据项目不同将活页夹分成几部分，相关内容写在笔记上，资料放进透明文件夹，管理起来很方便。

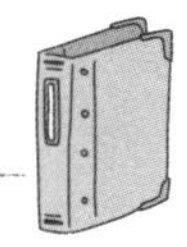

活页本的配套产品

打完孔，摇身一变成活页本

只要打出和活页纸同样的孔，就能把剪下的杂志页和印刷物品整理起来。CARL公司的“Gauge Punch”和“Gurissa”打孔器，Kokuyo公司的“活页夹专用30孔打孔器”等，各公司都有发售对应多孔的打孔器。

不会毛毛糙糙，意外方便的收纳产品

活页纸买回来后，很多人就这样把它放在塑料袋里保管。然而，活页纸容易和袋子的黏合部黏在一起，变得毛毛糙糙。Kokuyo公司有一款可收纳100张活页纸的活页纸套，可有效防止这种后果。其材质相当牢固，使活页纸不易折坏，自然也不会和袋子紧贴在一起，能够完整地随身携带。

报告纸

从前可都是
手写的

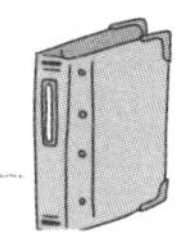

上部装订的课题提交专用簿

报告纸的上部用黏合剂装订，因此可以一张一张撕下来使用。尺寸主要有A4和B5两种。“Legal Pad”被公认为报告纸的鼻祖，1888年，在美国造纸工厂工作的Tomas Chory，利用剪下来的碎纸片做成备忘录，报告纸由此诞生。

给予强有力支持的可靠伙伴

用报告纸代替备忘录、同时也便于携带的产品是夹扣板和报告纸垫板。有了这两样东西，即使没有桌子或只能站立的情况下，也能让人安心地在报告纸上书写。报告纸垫板有牢固的封面，优点是能够保护报告纸，就算放进包里也不会有折痕或损坏。

报告纸的标志性产品

画一条空白线

作为日本报告纸的原型，“Legal Pad”（拍纸本）的黄色纸张上部用订书机装订（U 形钉装订）、左起 3.175cm 处竖着画一条红色空白线。空白线左侧可以写标题、要点、时间、日期等，有助于内容整理，阅读起来也很方便。和日本主流的报告纸不同，“Legal Pad”的特征是不带封面，封底比报告用纸更硬一些。

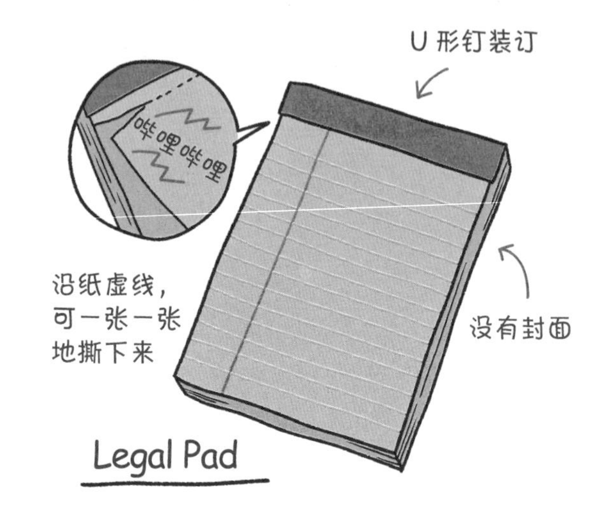

为什么用黄色的纸张

“Legal Pad”之所以用黄色纸张，有很多种说法。主流说法是黄色比纸张漂白后的白色更醒目，即便淹没在海量文件中，也能一眼找到。

无须复印机的报告纸

从前有一款叫作“复写式报告纸”的产品。在复印机普及前的时代，它是绝世珍宝，只要在一张纸上写东西，就能通过碳纸复写到下面的纸上。现在售卖的则是不含碳的“无碳复写纸 REPORT PAD”，开会时写下的会议记录，结束后能立刻进行复印，相当方便。

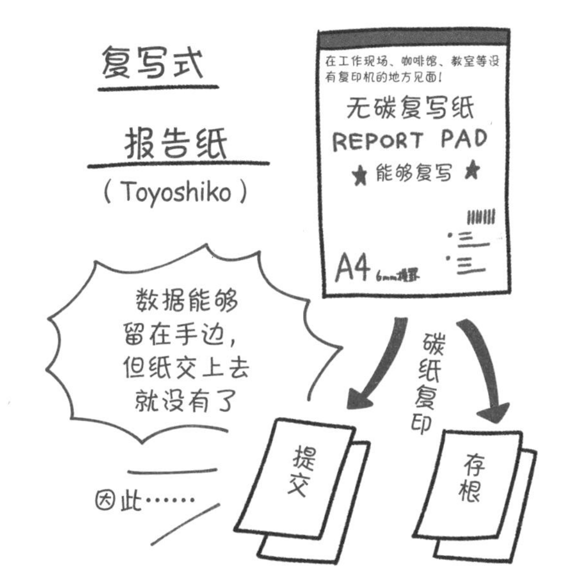

便签也是报告纸的一种形态

专栏

上部用胶水装订，能够一张一张地撕下来，从这一点来看，可以说便签本在形态上跟报告纸是一样的。在电子邮件成为常态的当下，偶尔尝试用便签写信也不错吧！

素描本

日本的基本款“图案系列”

素描本的起源并没有明确记载，一则人们耳熟能详的传说是，达·芬奇（15 ~ 16 世纪）当时就已在使用素描本了。说起日本代表性的素描本，要数 20 世纪 50 年代登场的“Maruman”的“图案系列”。它采用螺旋式金属环（现在是双金属环），并使用日本产的纸张。

Croquis 为速写专用，纸张很薄

“sketch”（英语）和“croquis”（法语）本来是同样的意思，但在日本，前者指“写生”“画稿”，后者则是“速写”的意思。因此，素描本为应对水彩画具的使用，采用相当厚实坚韧的纸张；速写本的纸张则又薄又多，可以画许多速写。

有关素描本的种种

素描本的尺寸是“F”

笔记和复印用纸，用 A4、B5 等 A、B 开的规格来标示，素描本则通常用 F4、F8 等“F 规格”来标示（在日本也有 A、B 开的尺寸售卖）。F 规格是画具专用的规格，数字越大，尺寸也越大。顺便提一下，F 来源于“Figure”（人物），来自法国绘画用的木框尺寸。

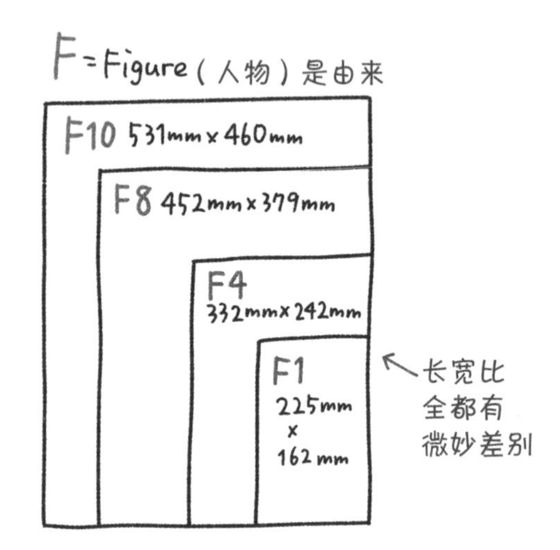

若画具改变，纸张也要变

普通人可能不太熟悉，实际上，根据画具和表现手法，素描本的纸张也会有相应的变化。除了普通绘画用纸以外，还有水彩纸、版画纸、色粉画纸（素描、草图等）、肯特纸（钢笔画等）、和纸等类型。

平时也能用的时髦老铺画具店素描本

东京银座老铺月光庄画具店的素描本，是内行人都知道的杰作，日常使用的笔记本和备忘录也很有人气。它的魅力在于靓丽的封面颜色、丰富的尺寸和纸质的多样化。其中，最值得推荐的是松下电器创始人松下幸之助委托制造的“usuten”。1 厘米大小的正方形内印着淡蓝色小点，无论是画图表还是写文字，都能非常工整漂亮，也很好用。

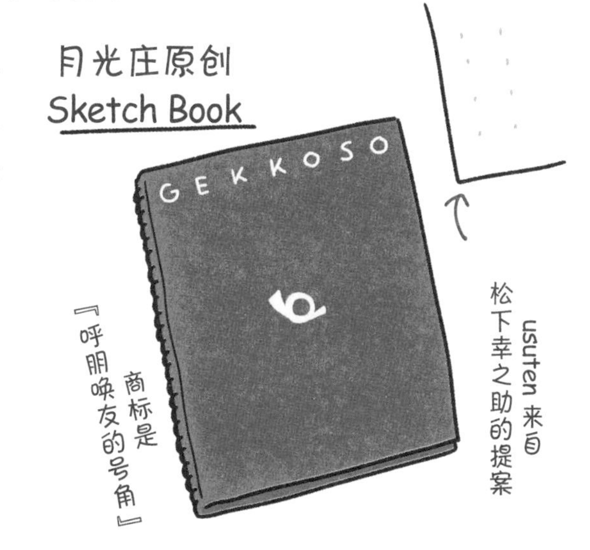

活跃于各种场合的素描本

专栏

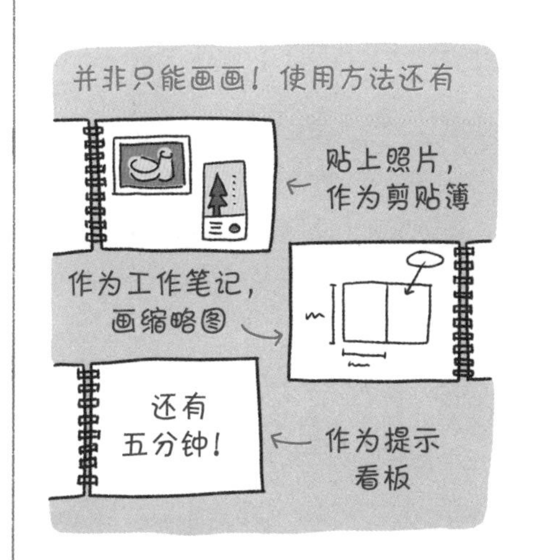

素描本原本是用来画画的本子，但也可以作为贴照片的剪贴簿、收集创意的笔记本使用。此外，电视拍摄现场俗称的“看板”（给演员提示用的纸张），也常用到素描本，已为人熟知。

备忘录

来自法国的橙色小家伙

备忘录也可以说是小型笔记本。它没有特别的定义，有各种各样的尺寸和装订方式。若想携带用，最常见的是环扣式备忘录，手掌大小，上部用金属环装订。日本最有人气的备忘录要数法国的“Bloc Rhodia”，橙色封面，相当好看。在它丰富的尺寸中,能放入手掌的“No.11”(竖边 105mm× 横边 74mm）粉丝最多。

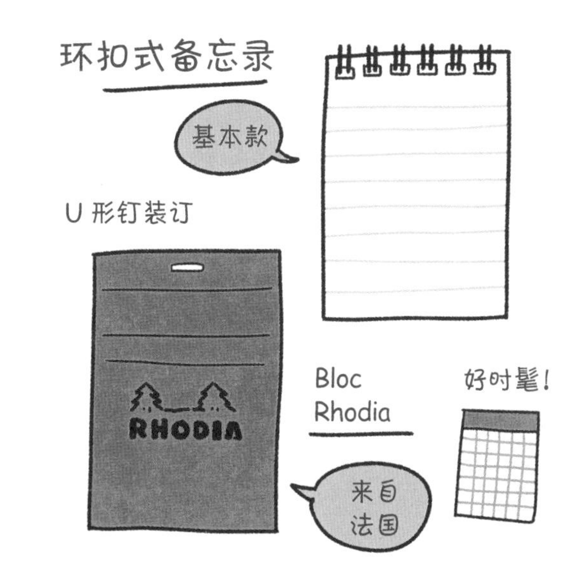

放置、携带，想要一个这样的备忘录

将几百张备忘纸粘起来，一张张撕下来使用的“Block Memo”，放在桌上就像是珍宝。设计独一无二的产品很多，花纹装饰也各式各样。此外，最近引人注目的一款便携式备忘录“Jotter”，则是将几张名片大小的卡片放入皮套。优点是轻便易携带，随时能把想到的东西记下来，再进行后续整理。

备忘录里的“大明星”

大名鼎鼎的 Moleskine

19 世纪后半叶诞生于法国的“Moleskine”，特征是拥有防水油布封面、橡筋绑带和扩充袋。凡·高、毕加索、海明威等名人都很爱用，其中，英国旅行作家布鲁斯·查特文作为“旅伴”随身携带的“Moleskine”，闻名全世界。1986 年法国的工厂倒闭停产，之后于 1997 年由意大利米兰的小型出版社（现 Moleskine 公司）翻版生产。

日本白领的好伙伴

之前，备忘录通常被人们放在桌上使用，到了 20 世纪 60 年代初，日本经济飞速发展，为方便白领外出携带，Midori 公司发售了“Diamond memo”。考虑到方便拿取，备忘录设计成竖边 120mm× 横边 76mm 的尺寸，圆角设计，用金属环装订，放进胸前小口袋刚好高出一截。现在来看并非什么特别样式，但可以说这款备忘录引发了后续许多产品的诞生。

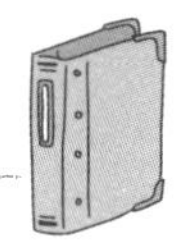

用于测量工作的新风尚

原本为测量业务用而设计的 Kokuyo“测量野账”备忘录，如今突然大受追捧。特征是竖边 160mm× 横边 91mm× 厚 6mm 的轻薄尺寸，以及适合野外使用的硬质封面，便于站立时书写。产品采用防水性很强的材质，内有方格线的“Sketch Book”非常适合作为备忘录使用。没有多余花哨的设计，反而广受大众欢迎，拥有许多热切的追随者。

在水里也能书写的备忘录

Okina 的“Project 防水备忘录”，采用以 PP 材料为基础的合成纸（塑料纸），别说只是被水打湿了，就算浸在水中也能书写。因为在水里可以浮起来，即使掉进水里也很容易找到，户外自然不用说，在家里的浴室和厨房同样适用。该产品的尺寸为竖边 120mm× 横边 78mm，另外还有 B6 的“Project 防水笔记本”。

文具周边史
2
装饰性文具

由“可爱文化”诞生的装饰性文具

20 世纪 70 年代，日本“可爱文化”的萌芽

发源于日本的“Kawaii（可爱）”一词，如今在时尚、音乐以及艺术界都产生了极大影响，作为一种流行文化被全世界认可。文具本来是重视实用性的道具，后受到日本此前就有的“可爱文化”影响，近来向“装饰性文具”的方向发展。

日本的“可爱文化”与文具最早的蜜月期始于 1970 年，理由是当时发生的两件事。第一件事是 1971 年，“Sanrio Gift Gate”（三丽鸥）在东京的新宿开张。此后三年，“Hello Kitty”的诞生成为蔓延至全世界的共同语言“Kawaii”的标志，同时也深深虏获了女孩子们的心。虽然这里此前也有卡通化文具，但人们只要去到那里，总会买一些三丽鸥的卡通文具和杂货。这个可爱文具发源地的诞生，无论从哪个层面上来说都意义重大。

另一件事也许有点意外，那就是荧光笔的登场。在三丽鸥开店同年，德国 Stabilo 发售了世界上第一支荧光笔“Stabilo Boss”。此后数年，日本

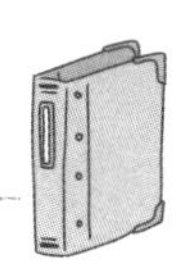

各家公司也都开始发售荧光笔。荧光笔本来的作用是在重要文章上面画线强调，但不少人却被这前所未有的鲜艳颜色惊艳到。没过多久，很多学生开始用荧光笔在教科书和笔记本上做醒目的彩色记号。文具在实用性以外，进一步产生“好看”“可爱”等价值，成为具有划时代意义的一个品类。

20 世纪 80 年代，功能催生出可爱的设计

20 世纪 80 年代，装饰性文具的族谱中，又有产品登场了。那是 1980 年在美国发售的 3M 便利贴，翌年在日本开始发售。

最初发售的产品为边长 7.5cm 的正方形便利贴，颜色只有黄色，后来

根据消费者的需求，增加了各种尺寸、颜色和种类。便利贴的方便性自然不用说，还结合了一点玩心“贴上去能干净地撕下来”。此后，从学生到白领，他们的笔记本和桌子周围都贴满了便利贴，非常有人气。现在大家都知道，比起实用性，更多是因为“可爱”的理由，才会有各种设计的便利贴存在。

出人意料的是，不仅是外观，文具的功能性也催生出了可爱的设计，前面举的例子就是其中之一。

21 世纪初，为装饰而生的文具

从 2008 年开始，以女性为中心的纸胶带呈爆发式大流行。纸胶带原本是在进行涂装等工作时，为保护不能涂刷的部分而贴上去的东西。然而，着眼于纸制才具备的颜色和质感，以及简单能用手撕断、胶带表面能够写字画画的特性，将纸胶带作为日常手工艺品使用的女性急剧增加。纸胶带制造商“Kamoi 加工纸”，开始发售彩色的可爱型产品“mt”，从此，纸胶带更被人们喜欢。

纸胶带常见的用途是贴在纸和物品上作为装饰。因为它能贴在各种各样的材质上，不需要涂料和黏合剂，只要用手轻轻一贴就可以起到装饰作用。与之前的胶带完全不同的使用方法，使纸胶带有了新的使用场景。同样，将原本功能进化为装饰目的的这类文具，现在极为繁荣兴盛。

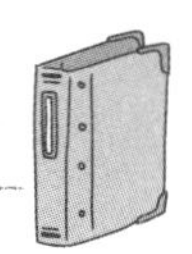

贴纸和印章自然不用说，包括带金线的记号笔和彩色的毛毡笔等，都是其中的佼佼者。

于是，通过“可爱文化”与文具的蜜月期，最终诞生了“装饰性文具”这个品类。

第三章

负责剪贴和固定的文具

美工刀

美工刀登场的前夜

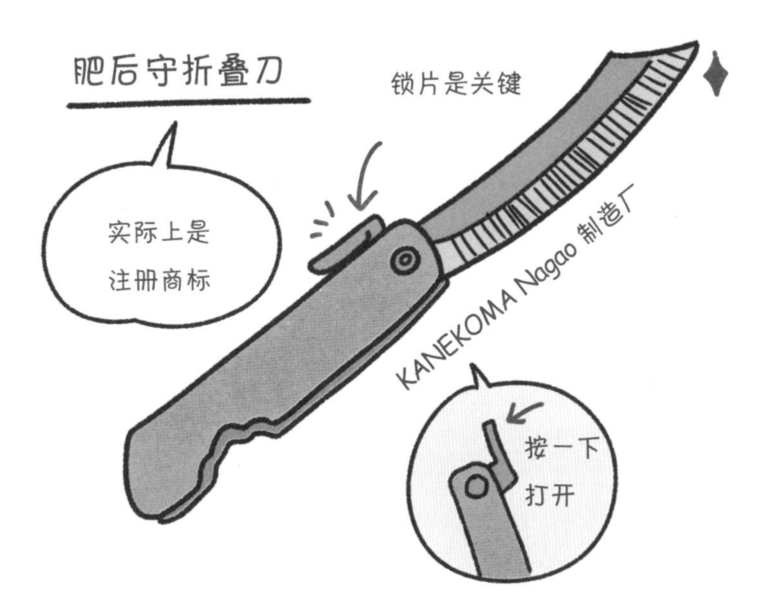

之前，要切割纸等物品时，人们会用带套的剃刀“Micky Knife”（Bon Knife）和以“肥后守”为代表的折叠刀。不过，前者容易折断，后者则需要研磨工序。顺便提一下，肥后守折叠刀的特点是使用时按压住锁片的构造，自 1894 年登场以来，至今仍有很多追随者，属于折叠刀中的名作。

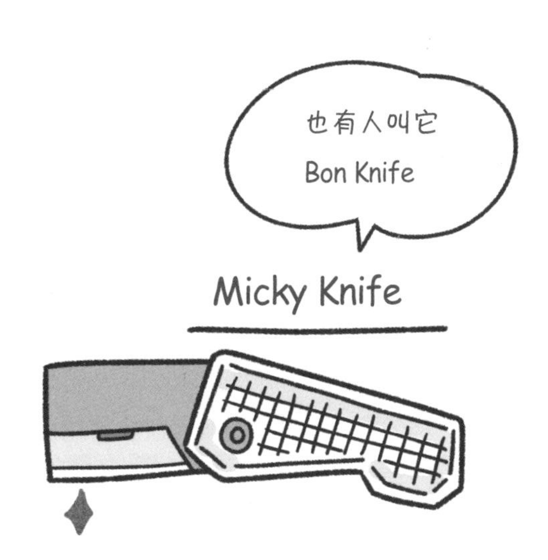

折刀的创意来自板块巧克力

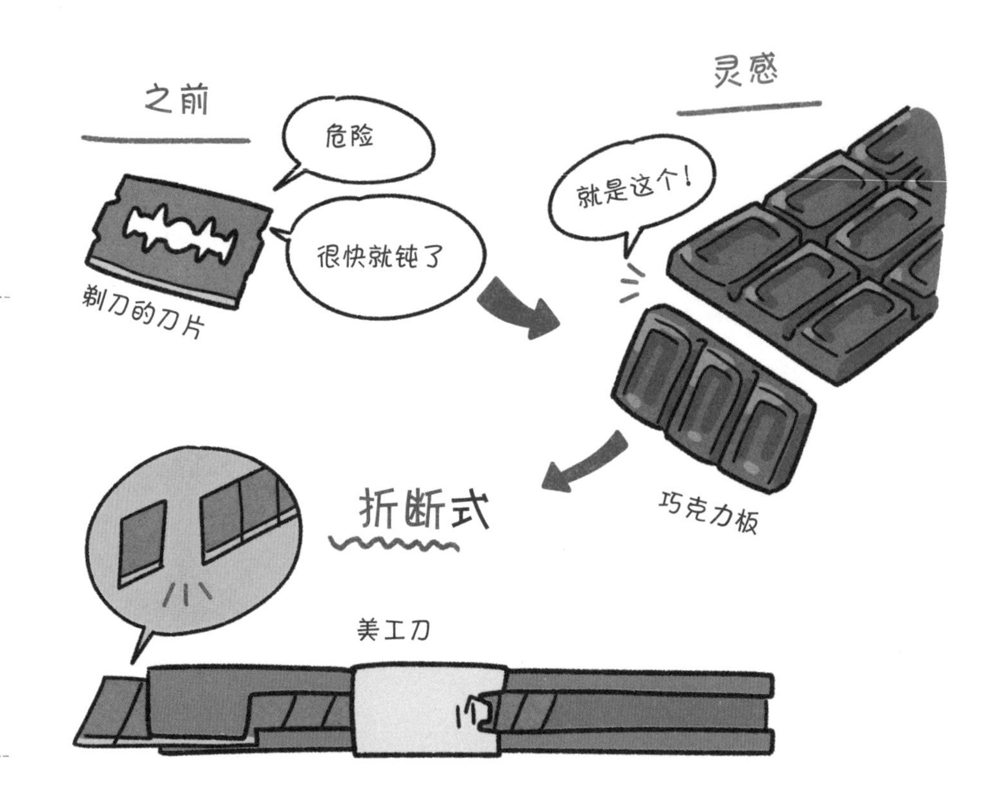

美工刀制造商 Olfa 的创始人冈田良男曾在印刷厂工作。当时，他看到切纸用的剃刀一旦变钝就被扔掉，觉得很浪费，便从巧克力板上自带的折线获得灵感，发明了刀片能够折断的美工刀。1959 年，由日本复写纸公司（现为 NT Cutter）发售。此后，冈田于 1967 年创立了 Olfa 公司的前身——冈田工业。

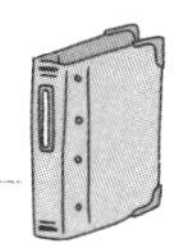

“刀片”是美工刀的生命

刀片的尺寸

实际上，刀片的尺寸并没有标准规格。只不过多数制造商为配合 Olfa 的规格，刀尖的角度通常约为 58 度、宽幅如图中所示的小型刀片或大型刀片，如此一来，各公司的替换刀片也能互通。再说刀片的幅度，遇到薄纸就用小型刀片，厚的纸板和泡沫板则用大型刀片，这样分别使用更安全。

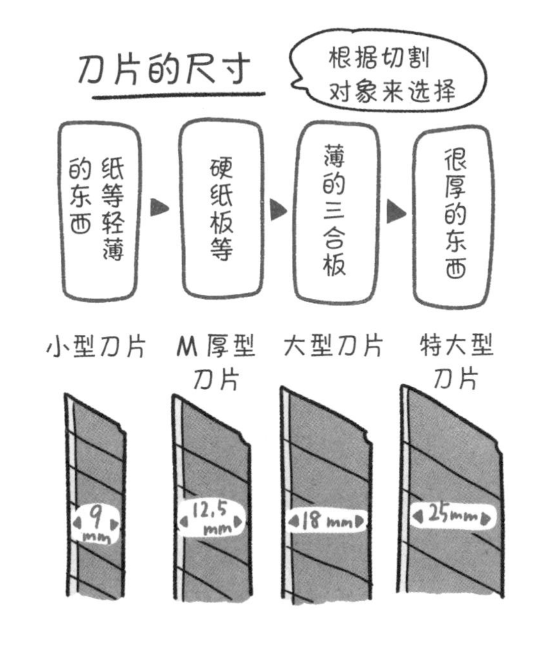

随着切割对象的变化，刀片也要改变

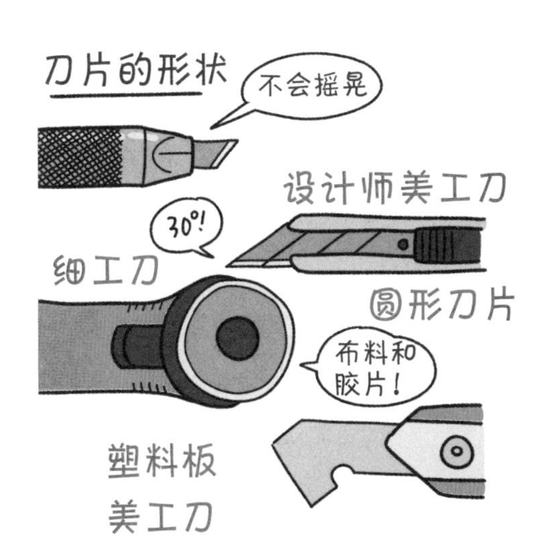

根据不同用途选择合适的刀片，工作效率会大幅提升。刀尖为 30 度锐角的设计师美工刀和细工刀，适合剪贴画、纸艺手工、模型制作等精细的作业。遇到布料、皮革、胶片等薄布膜材质的东西，使用圆形刀片则更容易切断。遇到亚克力板、PVC 板等，考虑到易切性和安全性，推荐使用塑料板美工刀。

辅助用具也值得玩味

准备好的东西

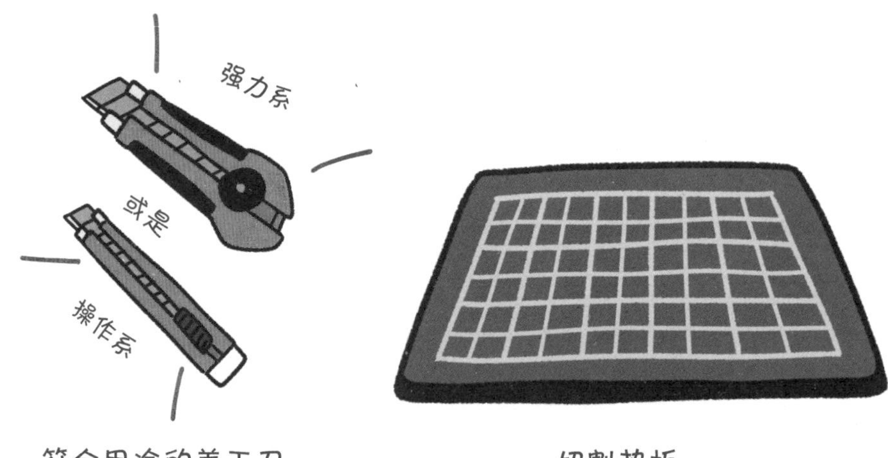

符合用途的美工刀

切割垫板

切割垫板并非只为不损伤桌子而用。它的优点还有在切割难切的物体时增加顺畅度，以及保护刀尖等。推荐亚克力材质的厚规尺。乍一看很结实的金属制品，如果把薄薄的刀片放在上面就容易造成伤害，相当危险。

有一定厚度的规尺

使用时的注意事项

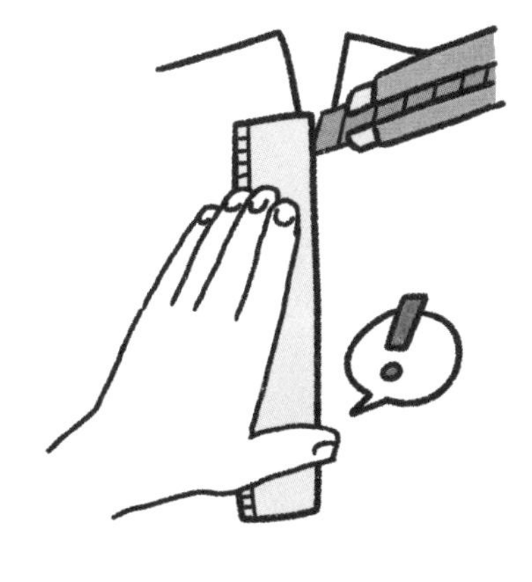

切割线和手指的位置

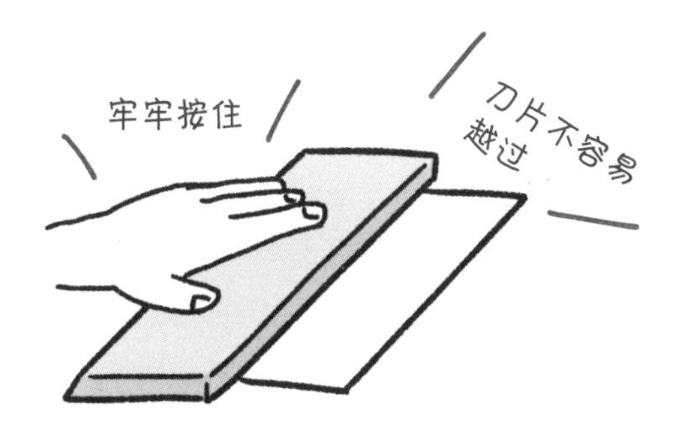

使用规尺有厚度的背侧

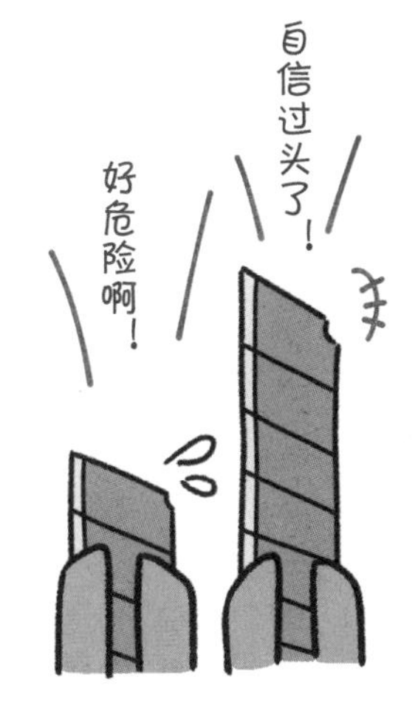

注意刀片切勿伸出过度

使用美工刀的时候，刀片只需伸出一两节就足够了。如果刀片伸出过多，就容易折断，非常危险。使用规尺的时候，注意将标有刻度的反面（即更厚的尺背）对准刀片。如果担心误切到手指，就不要将手放在刀片推进方向的轨道上。

折断刀片有讲究

诀窍是“握住靠近刀片的地方”

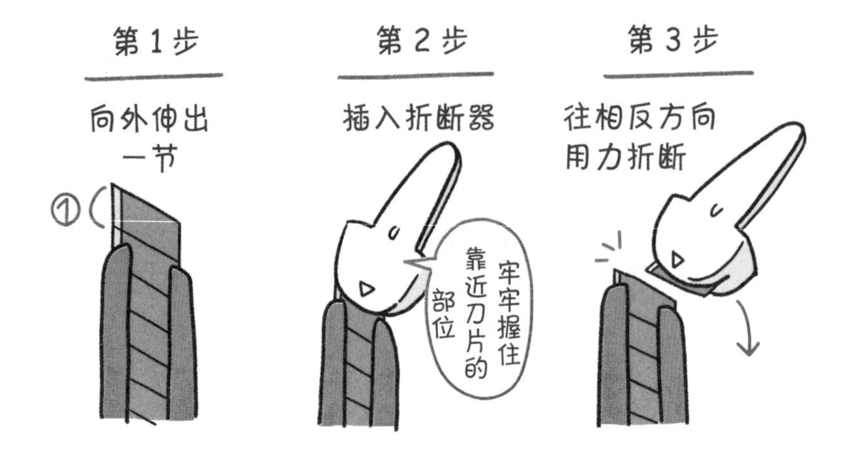

折刀片时，首先把美工刀尾部的“折断器”（夹子）取下来，将刀片向外伸出一节。然后，用折断器的沟槽夹住刀片，沿刀片的折线往相反方向用力折。诀窍是牢牢握住刀身和折断器靠近刀片的部分。如果因担心受伤而握住离刀片很远的地方，折断后的刀片容易飞出去，反而更危险。

害怕的话就用钳子吧！

专栏

对于希望更安全折断刀片的人士，推荐使用钳子。用钳子夹住后，你使的力气就能完完全全传递到刀片上，不仅容易折断，而且掉下来的刀片也不会飞出去，可以安心操作。

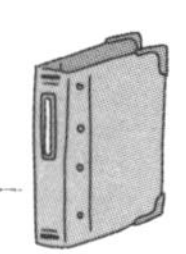

严禁乱扔垃圾！

处理废弃刀片时，务必用胶带把它包起来，并夹在厚的纸中，使其不会对他人造成伤害。此外，在上面写上“危险”“刀具”等提醒的字样，也是一种礼貌。

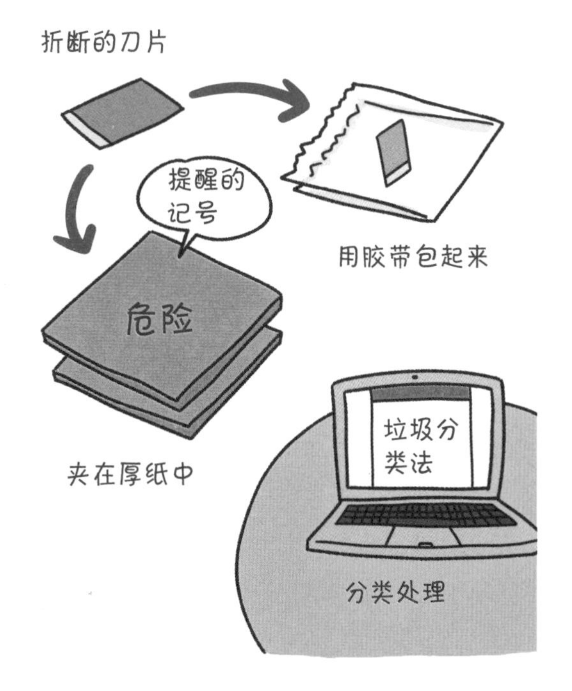

刀片安全处理盒

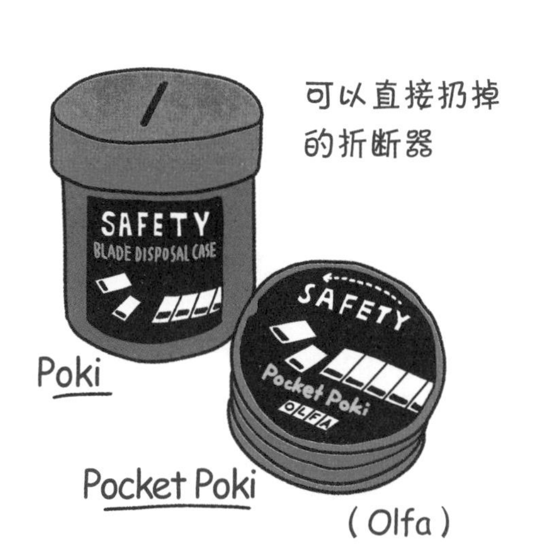

“刀片安全处理盒 Poki”乍一看像储蓄罐，它能够安全地将刀片折断并扔掉。把刀片插入上方开孔处后，向侧面用力折，断掉的刀片就直接掉入容器中。等到刀片装满盒子后，连同容器一起扔掉。它的构造虽然简单，却可以轻轻松松处理麻烦的刀片。此外，还有便携式尺寸的“Pocket Poki”。

如今的美工刀现状

刀片无须触碰

在替换刀片的时候，触碰到锋利的刀刃时总有些害怕。基于这一点，Kokuyo 的 “Furenu” 美工刀采用无须触碰刀片就能替换的构造，更加安全也安心。为方便使用，该产品还有许多其他考量，刀尖经过氟涂层加工后不容易沾上黏合剂，推锁则安装在刀柄上部，无论哪只手用起来都很方便。

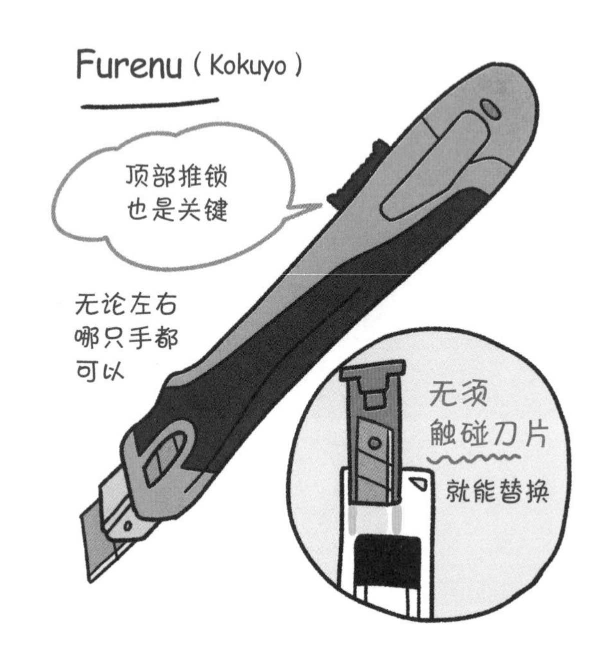

刀片不可折断

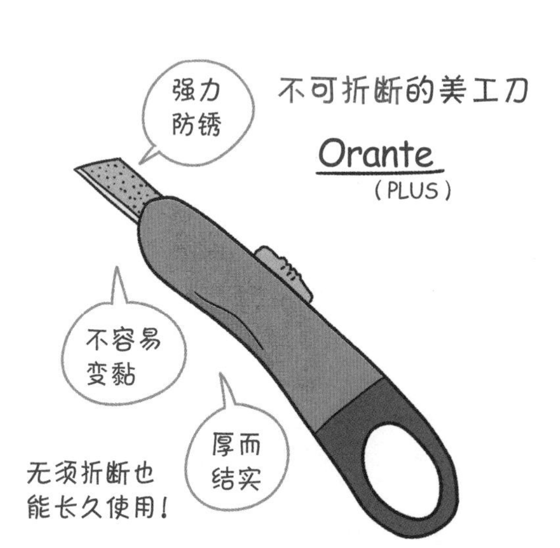

进化为可折断刀片的美工刀，反过来还有一种不可折断的选择，那就是 PLUS 的 “Orante”。该产品采用耐用的 0.5 毫米厚刀片，为防止黏合剂沾上，刀片经过凹凸表面加工以及全氟涂层，可长久保持锋利度。如果你觉得一节节折断刀片很麻烦也很恐怖，那么，这款产品就再适合不过了。

刀片不留痕迹

Olfa的“Kirinuq”是专用做报纸、杂志等文章剪报的美工刀。内置弹簧在接触纸面时保持固定力度，能够做到只裁掉最上面一张纸，下方的纸上则毫无刀痕。刀柄背面的调节器，可根据纸的厚度来调整弹簧强度。

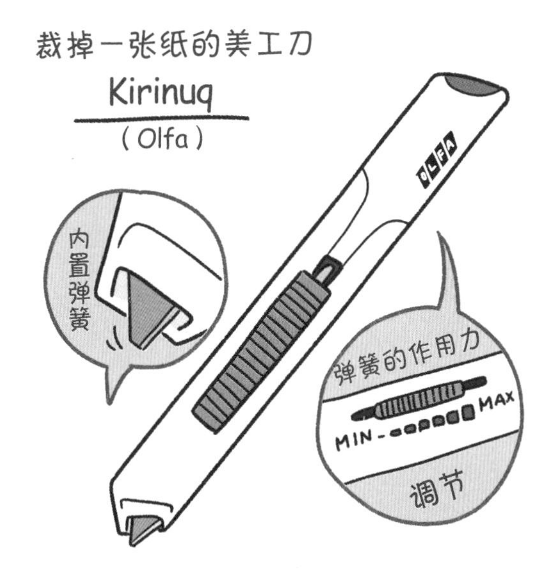

无须剪纸的“剪报”

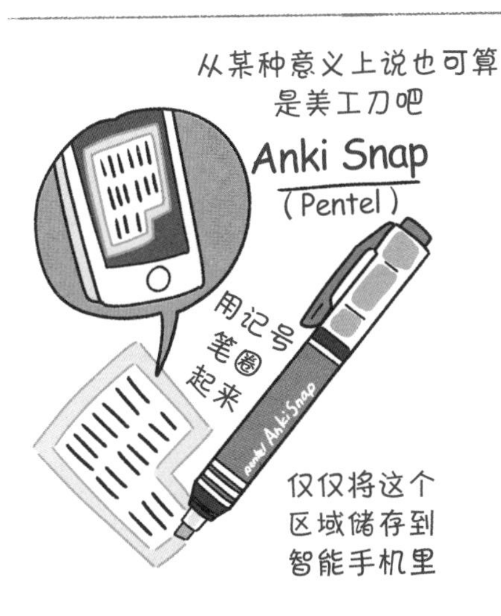

利用Pentel的“Anki Snap”，只需打开智能手机，就能轻轻松松做剪报。将想要保存的区域用记号笔圈起来，再用专门的App拍照后，作为照片储存在智能手机里。如果你觉得用美工刀做剪报很费时间，希望进行数字化管理，那么强烈推荐这款产品。

剪刀

在桌上

化妆包里

起居室中

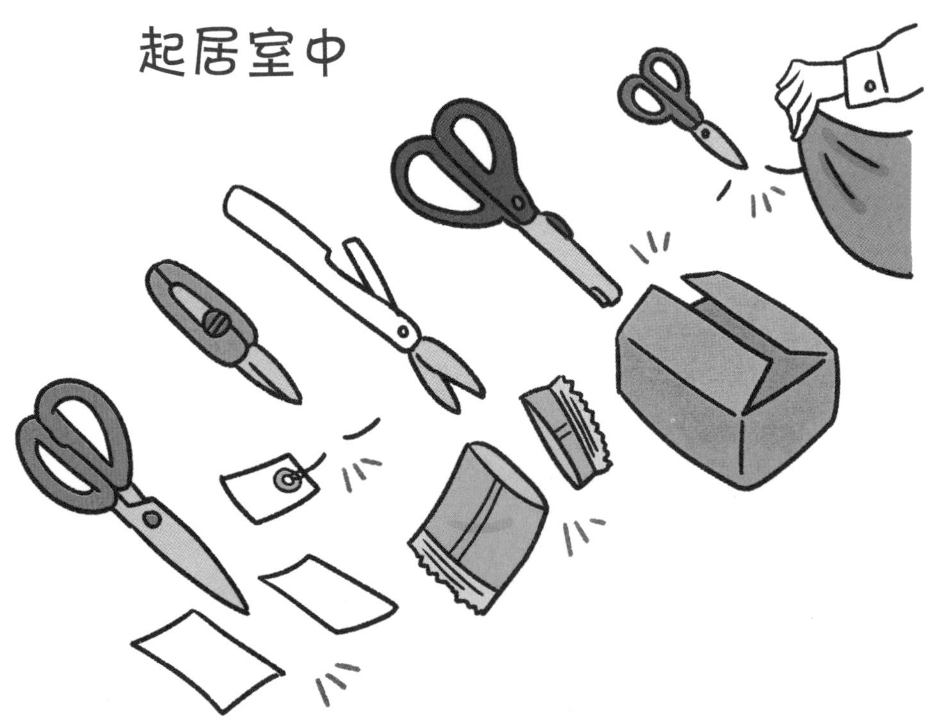

大事不妙的时候

它来帮忙

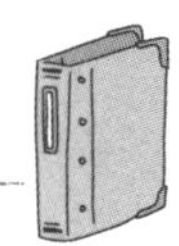

日本剪刀的演化

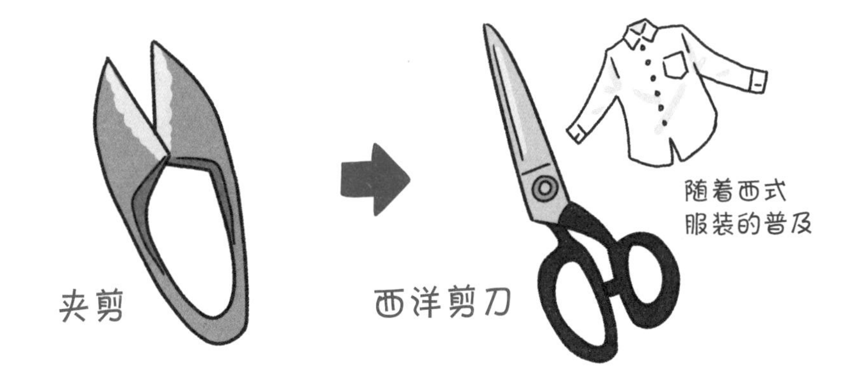

日本自古以来使用夹剪，它是将两片小刀面对面接在一起的构造。19 世纪末 20 世纪初，中间支点处加上轴芯、利用杠杆原理的西洋剪刀才普及开来。

左利手人士专用的剪刀

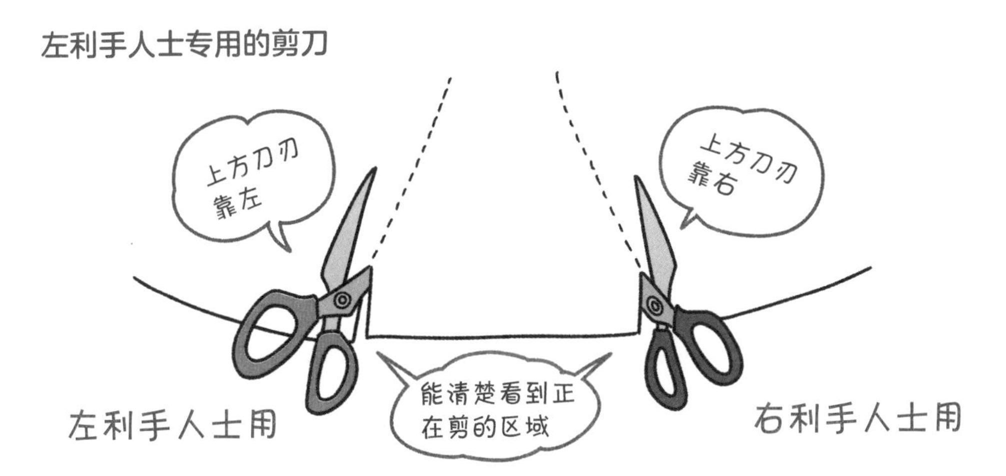

让左利手人士感到不便的东西有很多，剪刀就是其中之一。市面上售卖的剪刀大多为右利手人士设计，左利手人士用起来很不方便。因此，不同惯用手人士最好选择专用的剪刀。顺便提一下，剪东西的时候，上方刀刃靠右的为右利手人士用，靠左的为左利手人士用。

如今的剪刀现状

不锈钢材质是现在的主流

办公用剪刀的主流为不锈钢材质。最近，采用氟涂层加工的防粘产品，以及又轻又耐用的钛合金材质也很常见。长期畅销商品“ALLEX 办公用剪刀”（林刃物）也是不锈钢制，它兼具流畅度和耐用性，性能十分卓越。

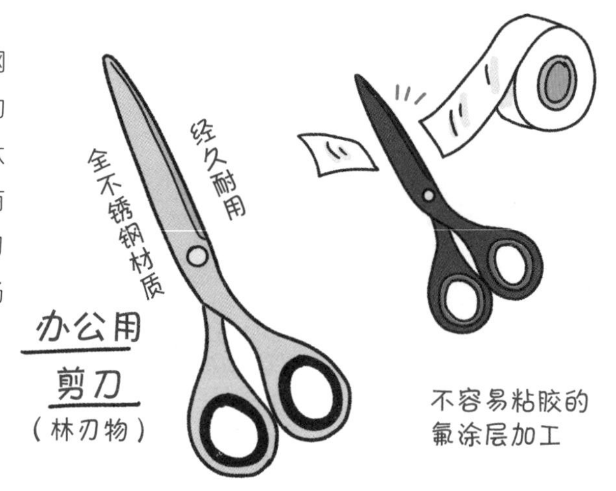

儿童用具，安全第一

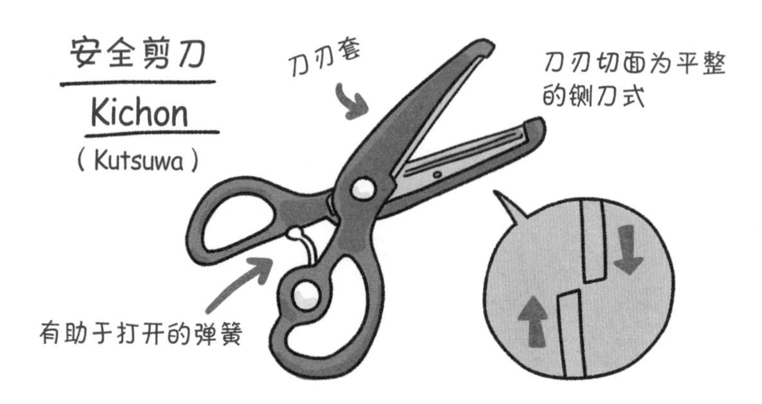

从安全层面考虑，儿童用剪刀的刀刃很短，刀尖为圆角。Kutsuwa 的“安全剪刀 Kichon”，特点是刀刃包在套子里，而且刀刃的切面平整，儿童在使用时不易受伤。推荐给初次使用剪刀的孩子。

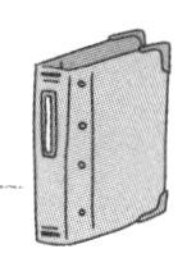

决定流畅度的关键是刀刃的角度

PLUS 的“Fitcut Curve”，应用伯努利双纽线原理，将剪东西时刀刃的角度保持在最佳的 30 度。它的优势是从底部到刀尖，无论哪个部位都能流畅剪切。除办公用以外，PLUS 还发售了烹饪用剪刀和万能剪刀。

就算纸板也能迅速剪开

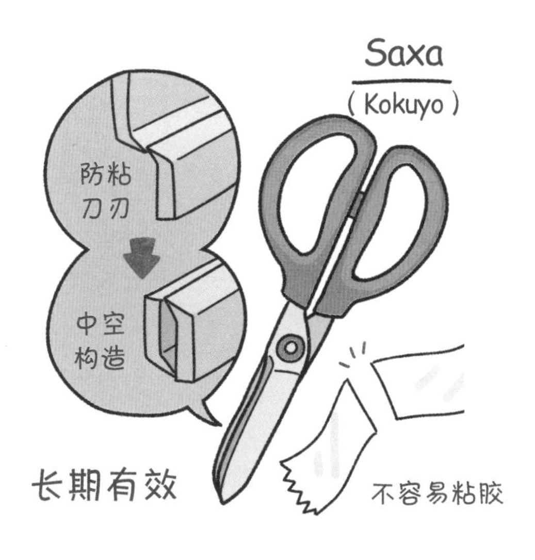

Kokuyo 的“Saxa”采用混合拱形刃设计，刀刃角度沿刀尖方向慢慢展开。硬纸板等质地较厚的纸制品也能轻松剪开。其中还有一款防粘型剪刀，刀刃为中空构造，防粘效果更好，能长久保持剪切的流畅性，非常推荐。

胶水

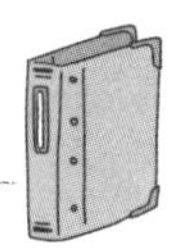

粉圆珍珠、玉米……感觉好美味啊

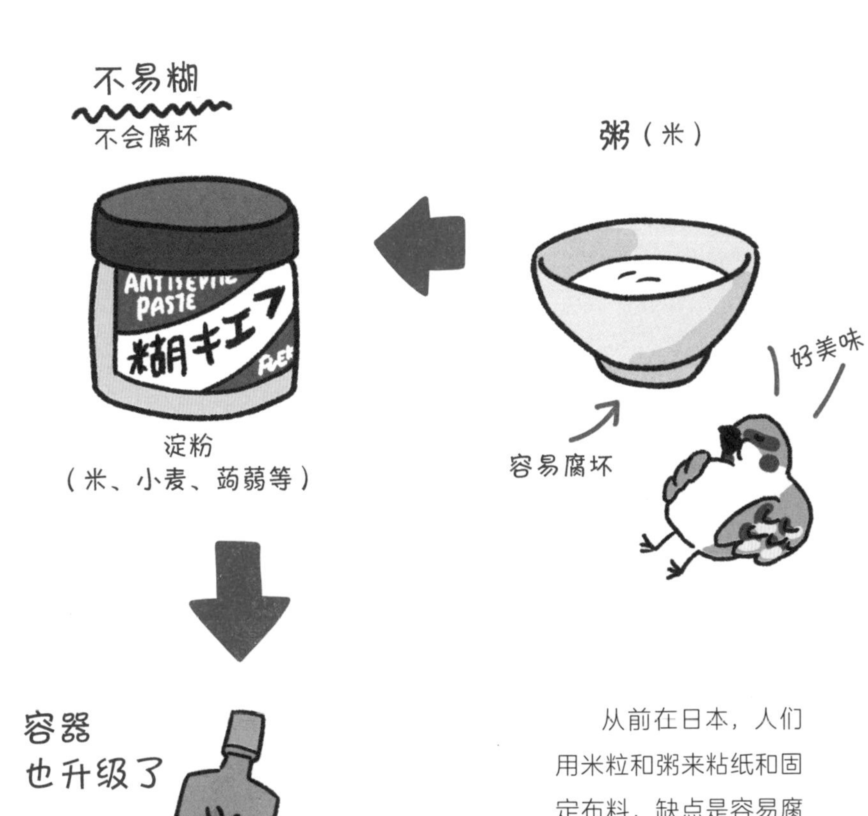

容器
也升级了

现在有粉圆珍珠等

从前在日本，人们用米粒和粥来粘纸和固定布料，缺点是容易腐坏。19 世纪 90 年代，不会腐坏的淀粉糨糊诞生。不易糊、Yamato 糊等分别于 1895 年、1899 年相继发售，慢慢在日本普及。现在，淀粉糨糊的主要原料还会用到粉圆珍珠和玉米等。

松软的海绵用起来很舒服

“Arabic Yamato”（Yamato）一度是“液体胶水”的代名词，于1975年发售。其不会弄脏手的形状，以及涂起来很舒服的海绵头，使之成为一款划时代的产品。其主要成分是合成树脂，特点是干起来快、黏性强。顺便提一下，商品名称来自19世纪末期进口的液体胶水“阿拉伯胶水”，由阿拉伯树胶制成。

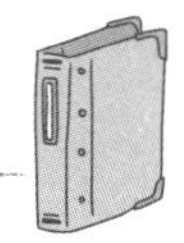

像唇膏一样的固体胶水

转一下就伸出来了

1969年，德国人Henkel从唇膏中获得灵感，开发出唇膏形态的固体胶水，取名为“Pritt”并开始发售。日本最早的固体胶水是1971年由Tombow铅笔发售的“PiT”。即使现在，它仍是常用的固体胶水经典款。

涂过的地方一目了然

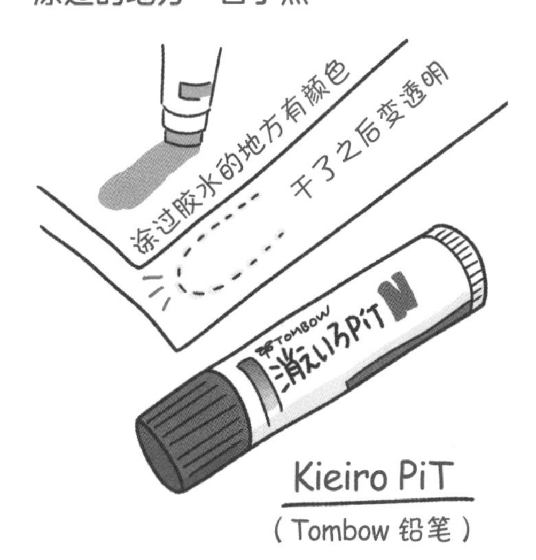

在不弄脏手的情况下，固体胶水可以涂抹细小的部分，非常方便，但缺点是不知道哪里涂过了胶水。Tombow铅笔的“Kieiro PiT”克服了这个弱点，“涂上去是蓝色，干了变成无色”。这款创新产品于1993年发售，可防止溢出和胶水残留。

最新进化形态——点点胶

更好看、更精巧的点点胶

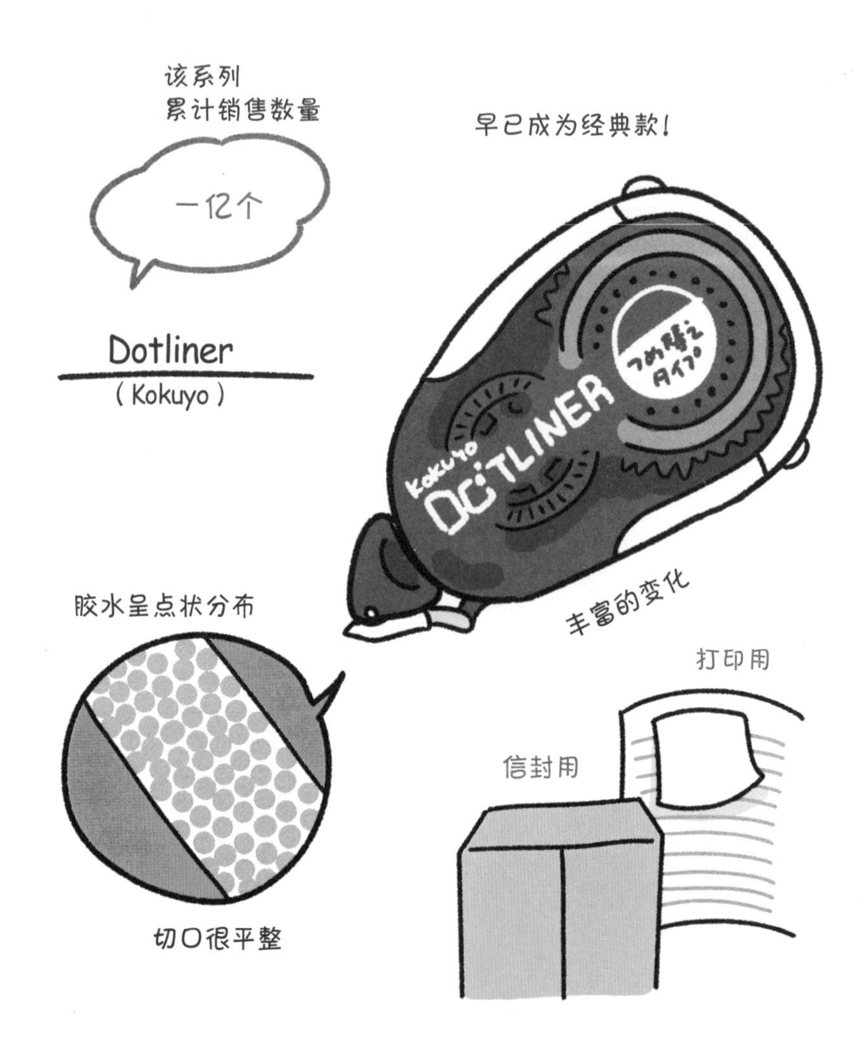

点点胶是将胶水附于纸带上，只要轻轻一拉，就能在纸上涂出又细又光滑的胶水，缺点是离开纸面时的切口不平整。Kokuyo 于 2005 年发售的“Dotliner”，胶水成点状分布在纸带上，涂起来很均匀，且切口平整，至今仍是畅销经典款。

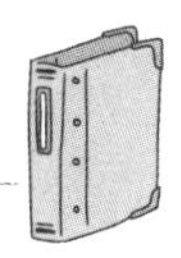

更方便的印章胶水

将之前的点点胶进一步升级后，Nichiban 发售了“点点胶 tenori 印章胶水”，只要像印章一样“啪”地按下去就行了。图章的尺寸约为 7mm × 10mm，能够迅速且精准地涂上胶水。如果推拉接触面，还能涂出线条状的胶水。

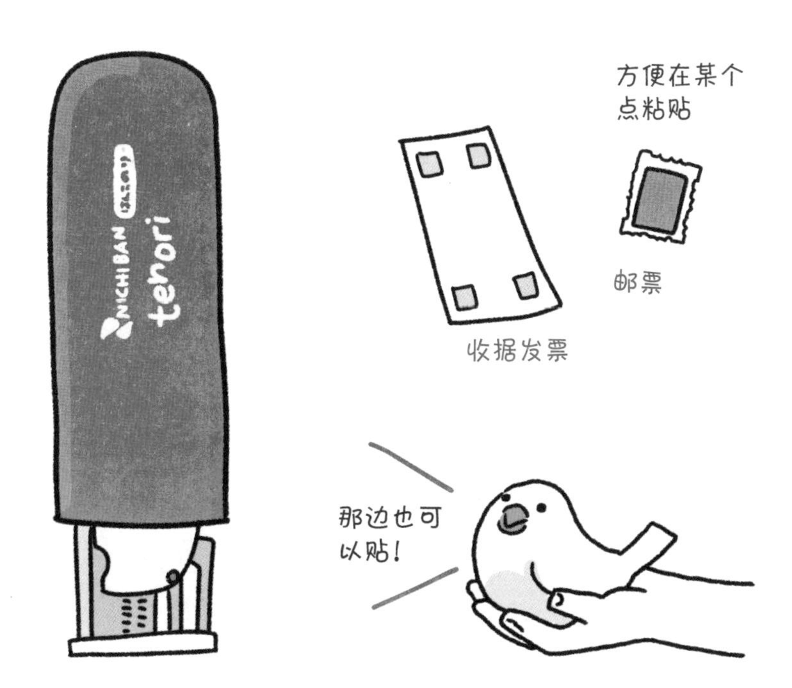

胶带

捆扎、包装
修补、收集
暂时固定
各方面都适用

遮盖胶带和透明胶带

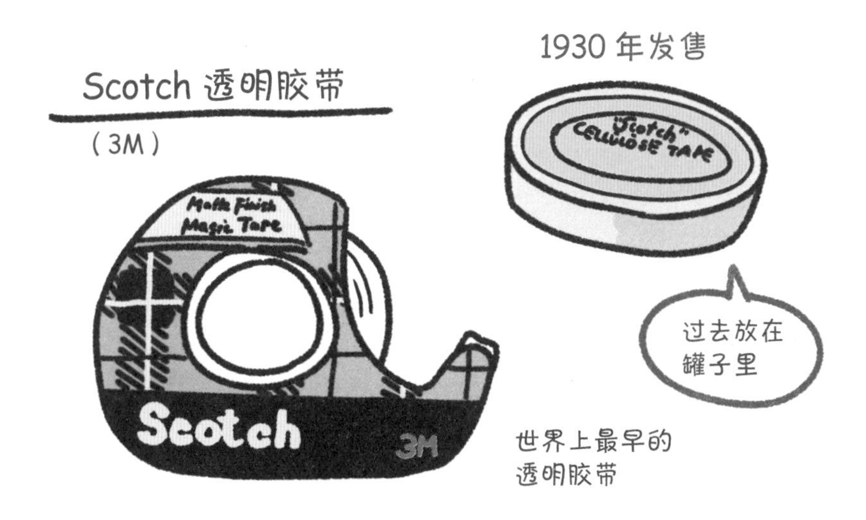

多用于图书等修缮工作

美国 3M 公司的年轻工程师 Richard Drew，于 1925 年发明了涂装工程用的遮盖胶带，后又于 1930 年发明了涂有玻璃胶黏合剂的透明胶带。这两款胶带被冠以“Scotch”的品牌名，开始大规模生产发售，很快就在美国普及。

日本胶带的诞生

1947 年，当时的医疗用创可贴制造公司Nichiban生产了透明胶带。1948 年起面向大众售卖。顺便提一下，现在作为总称使用的“透明胶”，其实是 Nichiban 的商标。

透明胶
（Nichiban）

修补胶带和双面胶

能写、透明、可重贴的修补胶带

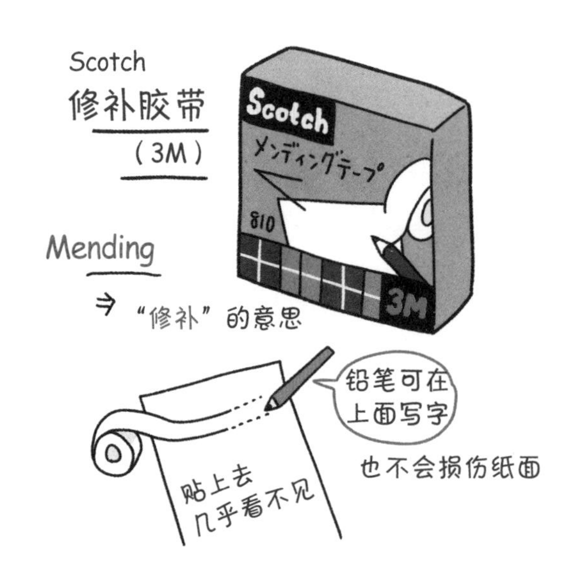

修补胶带可用来“修补”破损的纸。其特点是表面粗糙不平，铅笔和钢笔都能在上面写字；若进行复印，胶带补过的地方也不会很显眼。此外，修补胶带的黏性持久且不易变色，适合需要长期保存的文件。刚粘上去不久还能重贴，可作为便签灵活使用。

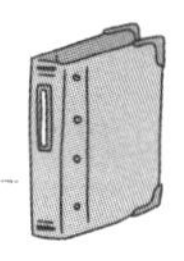

作为胶水替代品的双面胶

双面胶的目的并不是“粘住”，而是“黏合在一起”。要说日本的经典款，那要数Nichiban的“Nicetack”，于1966年开始量产。纸制包装和自带切口的马蹄形支架，使得这款双面胶用起来很方便，因此长期畅销。现在，根据黏性和材质的差别以及功能差异，还有其他许多双面胶产品。

起到装饰作用的纸胶带

寻找朴素的胶带反而很难

以和纸为基本素材、黏性弱且易撕掉的纸胶带，原本是涂装工作时进行覆盖、起保护作用的胶带。2008 年，Kamoi 加工纸发售了可爱时髦的纸胶带“mt”后则大受欢迎。这款胶带既可以在上面写字，又能重叠起来粘贴，还能贴成曲线。根据以上特性，纸胶带可用于各种各样的装饰，引发了一阵热潮。

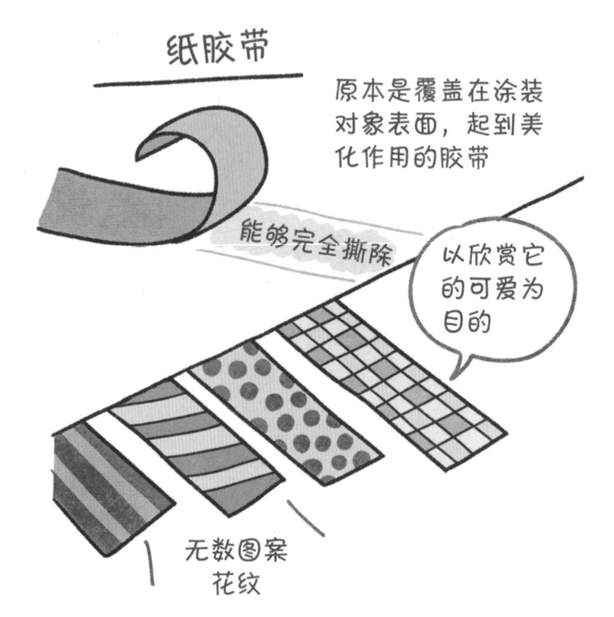

一物三用、为装饰而生的胶带

专栏

PLUS 的笔形“Deco Rush”，可在笔记本和信纸上印出各种各样的图案。不仅可以通过替换胶带来更换图案，还可以作为文字记号笔、修正带使用。它的用途类似纸胶带，结构却是修正带式的。为完全去除图案印迹，还有专用的橡皮。

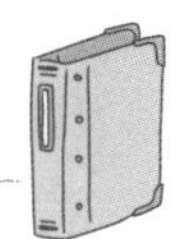

用于纸箱包装的胶带

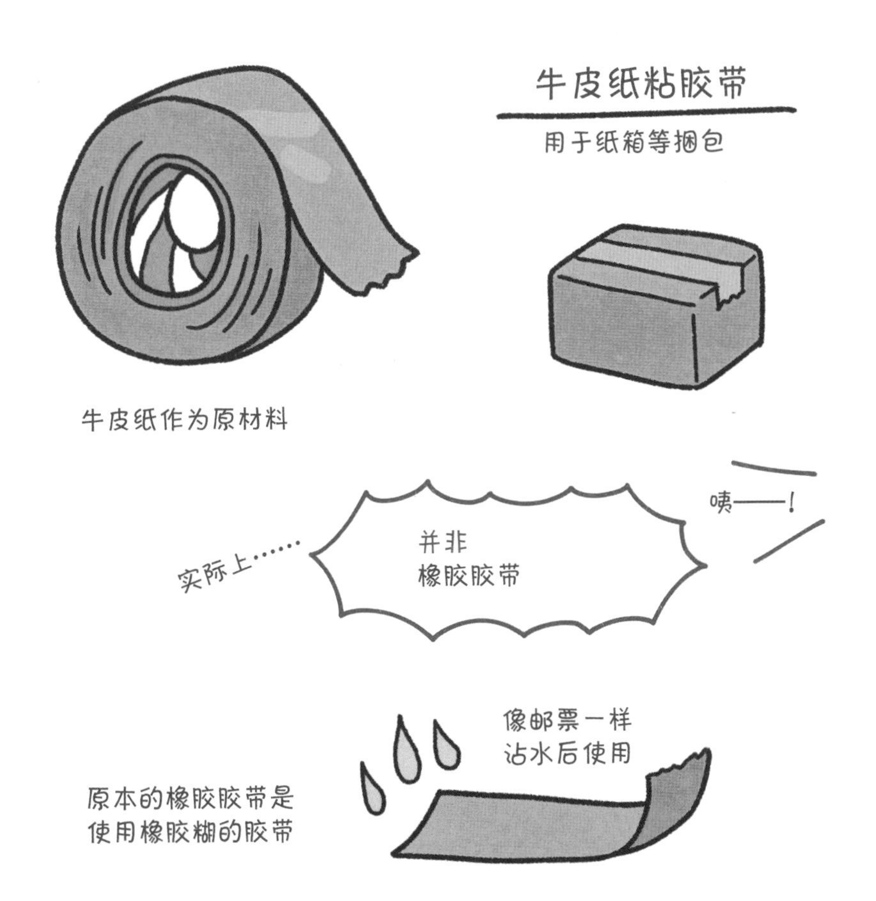

能够大范围粘贴、俗称“橡胶胶带”的胶带，正确的名称应该是“牛皮纸粘胶带”。原本的橡胶胶带，指的是涂有水溶性胶水（橡胶）的物体，经水沾湿后作为胶带使用。爱迪生为了将胶合板固定，意外地发明了这种橡胶胶带。所以说，无须经水沾湿就能直接使用的牛皮纸粘胶带，并非橡胶胶带，而是另一种东西。

更坚韧也更容易撕断的家伙

相比牛皮纸粘胶带，布粘胶带的优点是黏性更强，用手就能轻易撕断。同时，它更重一些，而且价格偏高。布粘胶带适用于重物的捆包；而重量轻、性价比高的牛皮纸粘胶带则更适合轻型包装，两者如此区别使用。

因为透明，所以看起来很漂亮

“OPP 胶带”跟透明胶带一样透明，但采用的是聚丙烯材质。尽管没有伸缩性，但它的黏性很强，透明且不显眼，属于性价比很高的优质胶带。“OPP 胶带”具有一定强度，单用手无法直接撕断，但近年来也推出了可徒手撕断的款式。

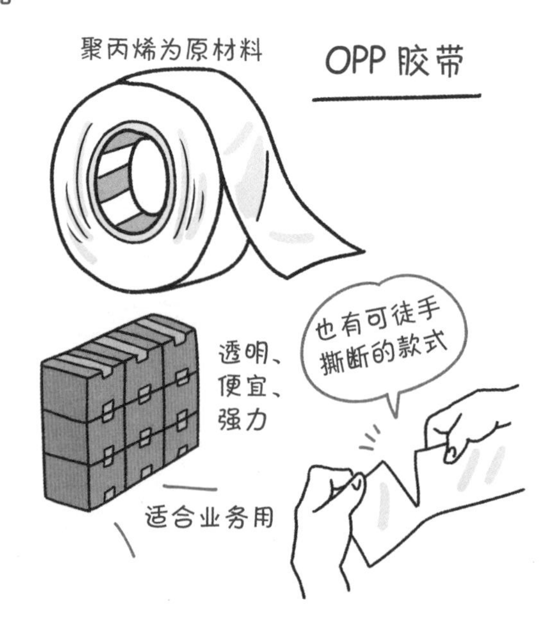

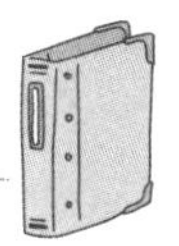

适合搬家和装修的胶带

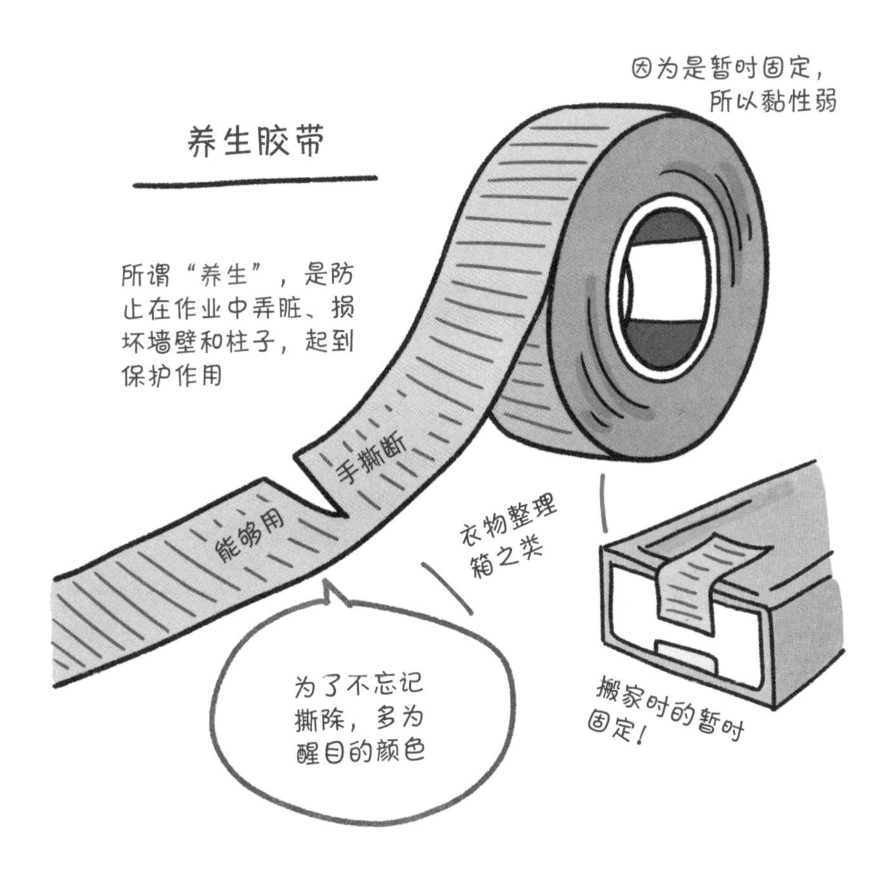

“养生胶带”是一种黏性弱、易撕除，且撕掉后不会残留粘痕的胶带。所谓“养生”，指的是在建筑工程和搬家现场，防止墙壁和柱子受损而贴的保护膜和保护板。“养生胶带”可用于暂时固定这些东西。为提高现场操作效率，养生胶带很容易用手撕断，而且多为绿色、蓝色等醒目的颜色，作业完成后就不会忘记撕除了。

便签

失败乃"便签"之母

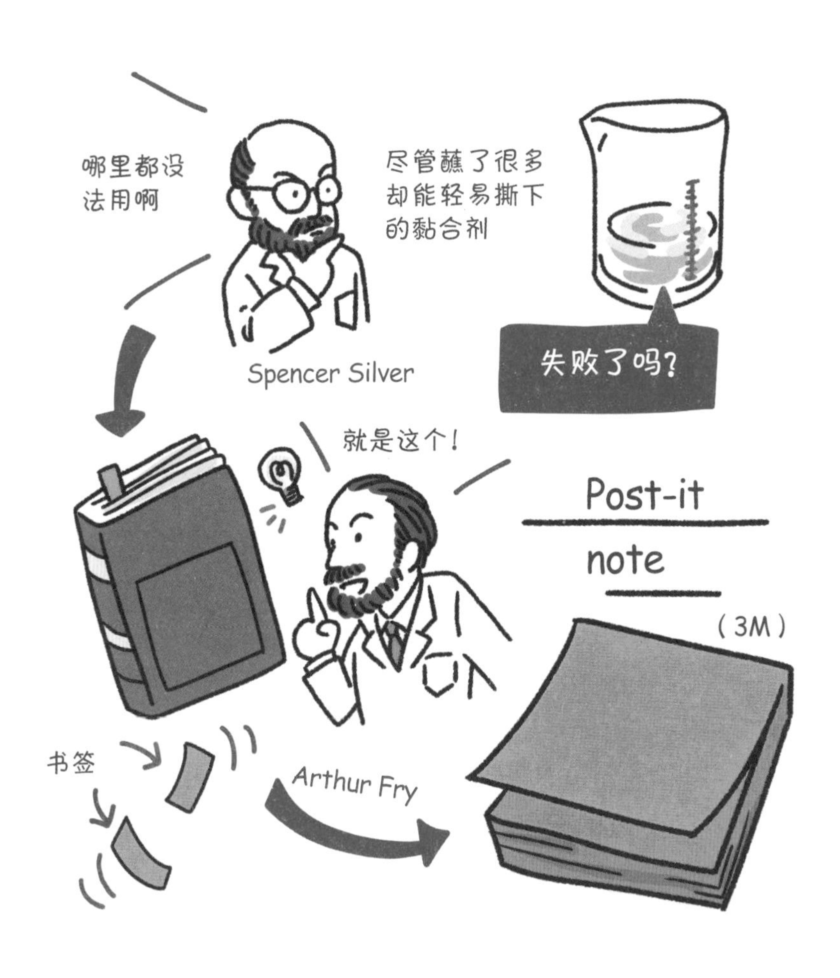

1968 年，美国 3M 的研究者 Spencer Silver 在进行强力黏合剂的研究时，结果却意外做出"容易粘上、轻易剥下"的黏合剂。本来被认为是失败之作，但在 1974 年，其他部门的研究员 Arthur Fry，发现夹在书中的书签容易滑落，便想出了带胶备忘录贴纸（便签）的创意。

在秘书们的热切支持下批量生产

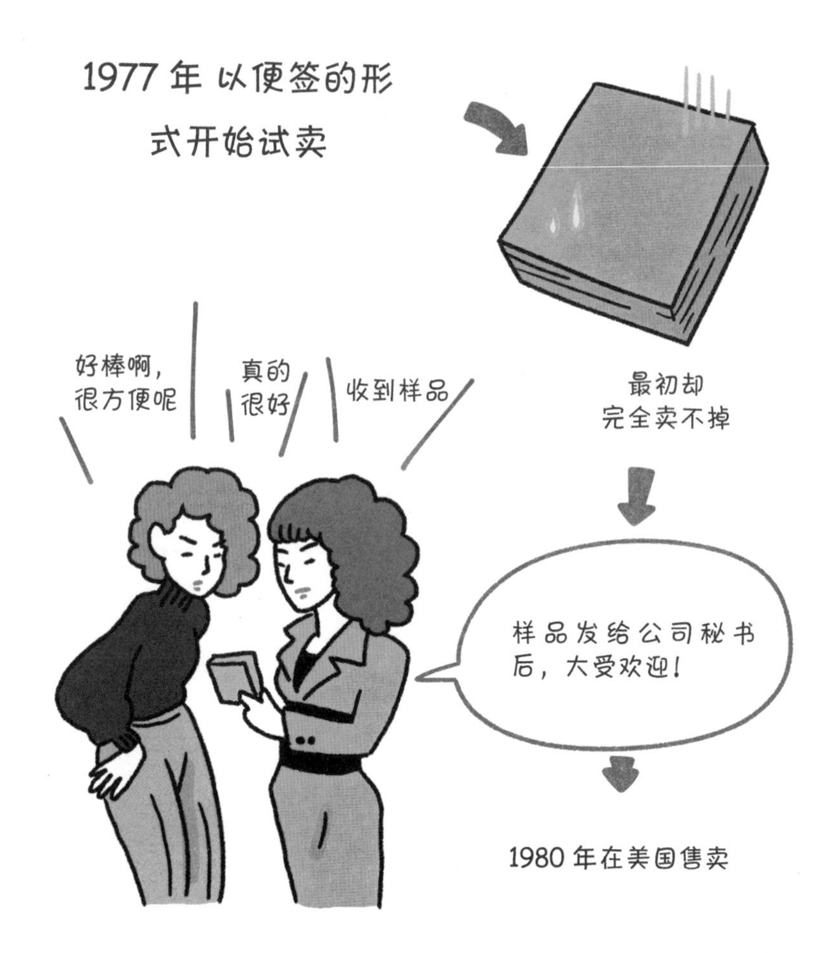

Fry 经历了一系列试错后，开发出立方体的便签“Post-it note”，于 1977 年在美国四个城市开始试卖，结果却很不理想。没想到，作为样品派发到优良企业的“Post-it note”，却深受秘书们喜爱，订单纷至沓来，后于 1980 年在美国发售。

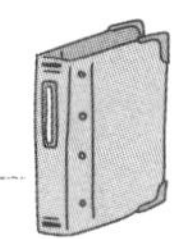

立方体便利贴和细长形便签，你喜欢哪一个

日本主流的“Post-it”分为两种——立方体式和便签式。立方体式可书写面积大，多作为备忘录和笔记本来使用；而又小又细长的便签式，则用来标记重要的页数，即当作书签使用。

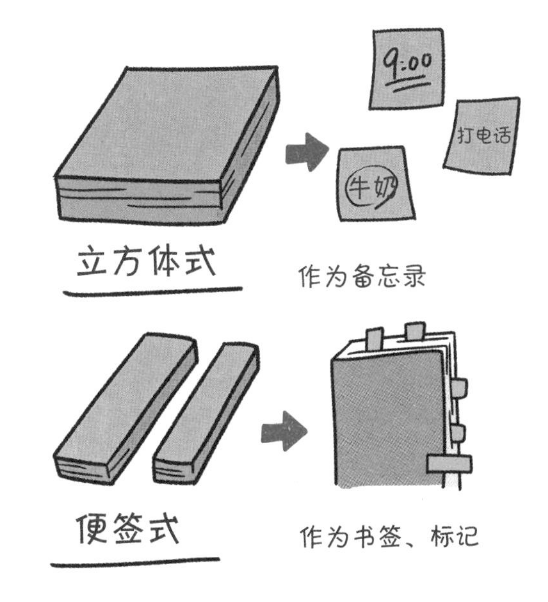

根据日本需求诞生的便签式

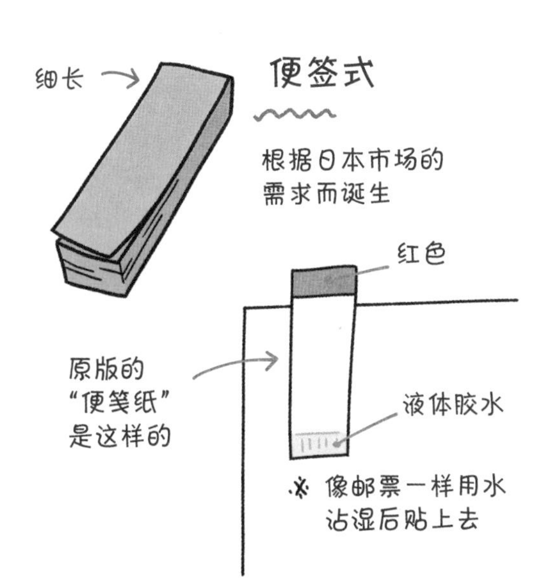

1981 年，“Post-it note”开始在日本发售，因为只有最初的一款立方体式，所以销路不是很好。为响应日本市场需求，开始发售附笺式的便签，立刻大受欢迎。此后，便签的认知度越来越高，成为办公室的必需品。

便签让记录变得更有趣

为便签笔记本而生的便签

你知道把笔记本作为衬纸、往上面贴便签的便签笔记本吗？大众对此的评价是：能将信息分门别类整理，可重贴也可按颜色分区，提升了理解度。C.L.C JAPAN 的“易做附笺笔记本的便签”，便是便签笔记本专用的便签。它配合笔记本格线的宽幅尺寸（A 格 =7mm、B 格 =6mm），能够有效活用笔记本的空间。

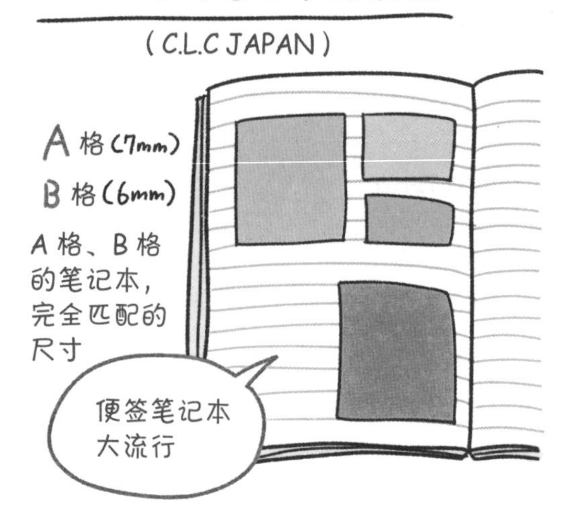

为记录日常用的便签

最近，越多越多人通过在日记和手账上画插图、贴贴纸和照片等来装饰。“但是，做到那种程度也很麻烦啊……”对这些人来说，KING JIM 的便签“日常生活记录”再适合不过了。里面包含阅读、旅行、电影、餐厅、甜品等 28 种主题设计，只需在便签上书写、直接贴到手账等地方就好，既好看又能方便地留下记录。

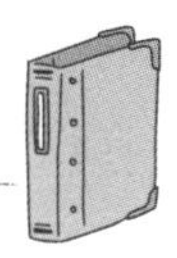

可随身携带的便签

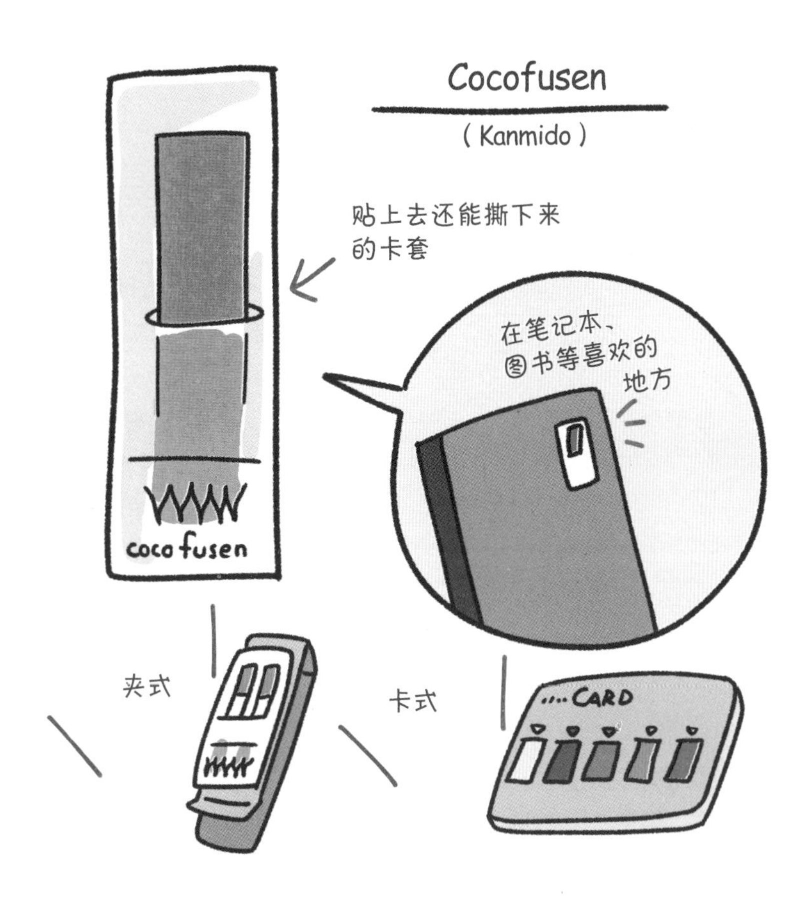

Kanmido 的“Cocofusen”卡套后侧附有贴纸，可以逐个贴在书和笔记本上，随身携带。同系列产品中，有能夹在身边物品上的“夹式 Cocofusen”；还有信用卡大小、厚度仅为 1.5mm 的“卡式 Cocofusen”等。

自己决定便签的长度

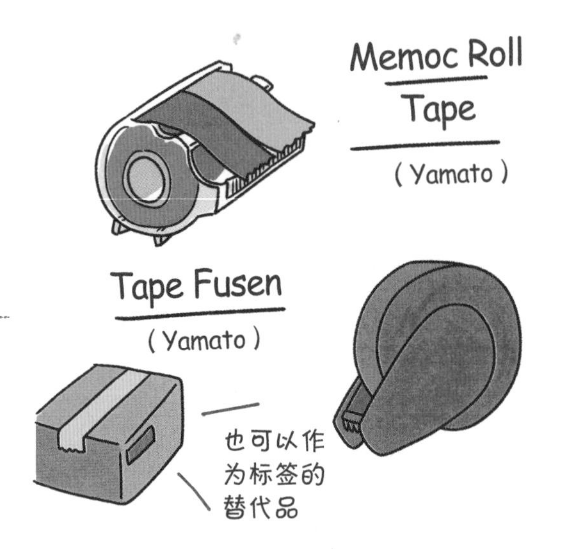

通常，我们都会购买自己所需尺寸的便签。然而，只要有一个滚轴式的便签，便能撕取自己想要的长度，在做标签和装饰时，灵活运用的空间就更大了。Yamato 的“Memoc Roll Tape”分为纸质和塑料膜材质，宽度则有四种选择，非常丰富。同样是 Yamato 公司的“Tape Fusen”，采用鲜艳的彩色荧光纸、做成便于携带的口袋尺寸。

“到底是哪位？”立马解决这个问题！

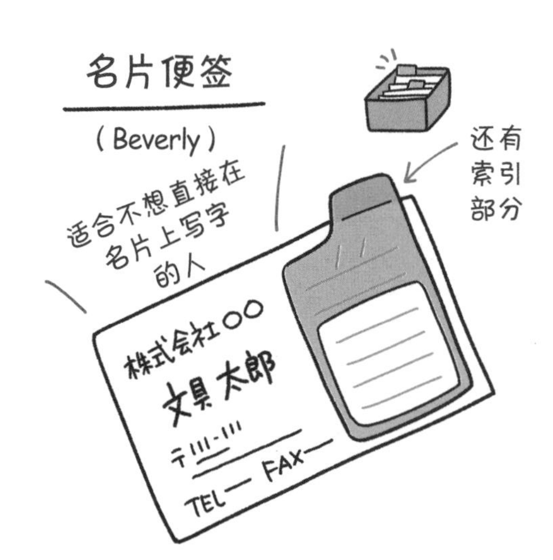

你会有这样的烦恼吗？交换名片后过些天，再看到时便心生疑惑：“咦？这是哪位？”Beverly 的“名片便签”解决了这个问题。透明式的便签上，可记录同对方见面的时间、场所、特征、事件等信息，然后贴在名片上。索引部分可记录分类信息，增强了可检索性，管理起来也更方便。

透明的便签

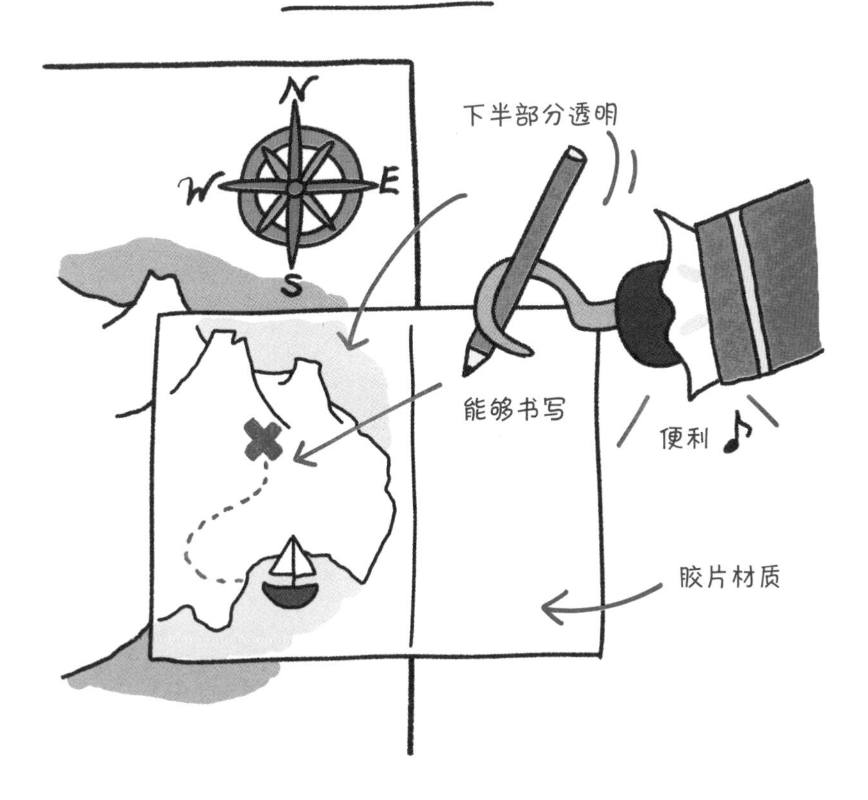

书籍和文件贴上便签后，自然会遮住一部分内容，无法完整阅读。在此就需要用到透明型便签。Nitoms 的“STALOGY 大型半透明便签”，可以透过下半部分看到后面的内容，并在上半部分写字。在不能直接书写的资料上追加内容时，用起来非常方便。

订书机

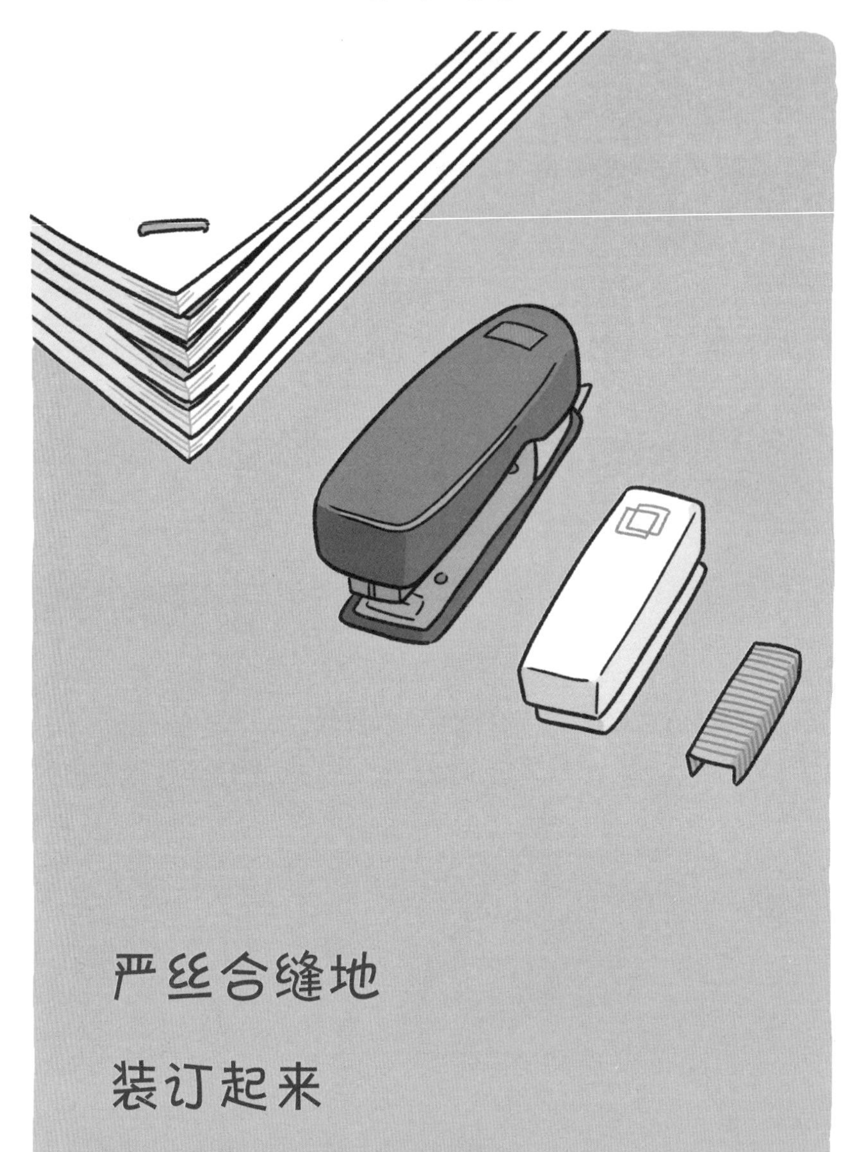

严丝合缝地

装订起来

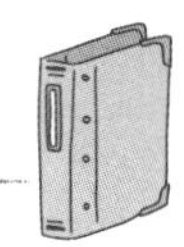

订书机的历史

订书机的原型诞生于18世纪的法国，此后，美国开发出像现在那样用针订住纸的结构。在日本，“Hotchkiss”的名字深入人心。至于为何叫Hotchkiss，最有力的一种说法是1903年伊藤喜商店（现为ITOKI）初次引进并在日本售卖的产品为美国E.H. Hotchkiss的订书机。

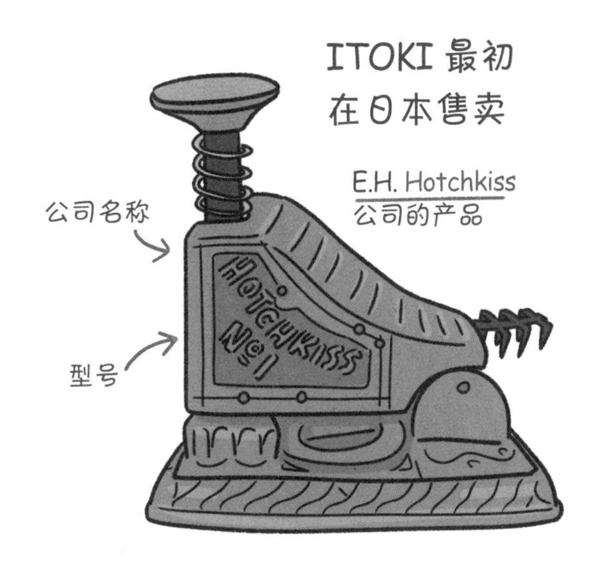

经典款“SYC・10”横空出世

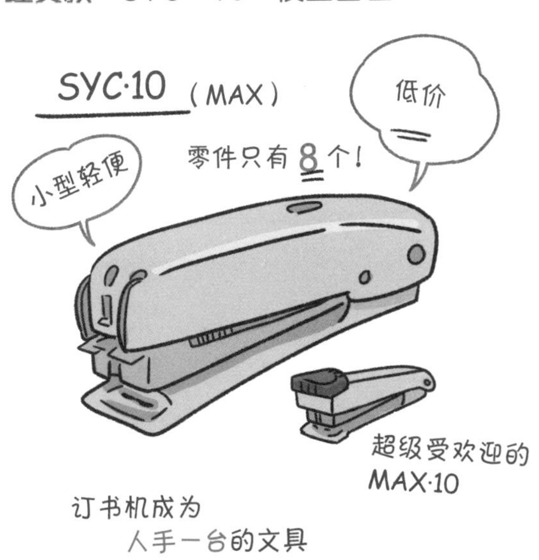

到了20世纪初，日本也开始生产订书机。直到1952年山田兴业（现为MAX）的“SYC・10”登场才开始普及。它因小型轻便且低价而大受好评。此后，随着公司名称变更，该产品也改名叫“MAX・10”，成为热销商品。从那时起，订书机几乎人手一台，“MAX”成为订书机的代名词，MAX的商品名称固定为“Hotchkiss”。

针在纸下面“弯扭”

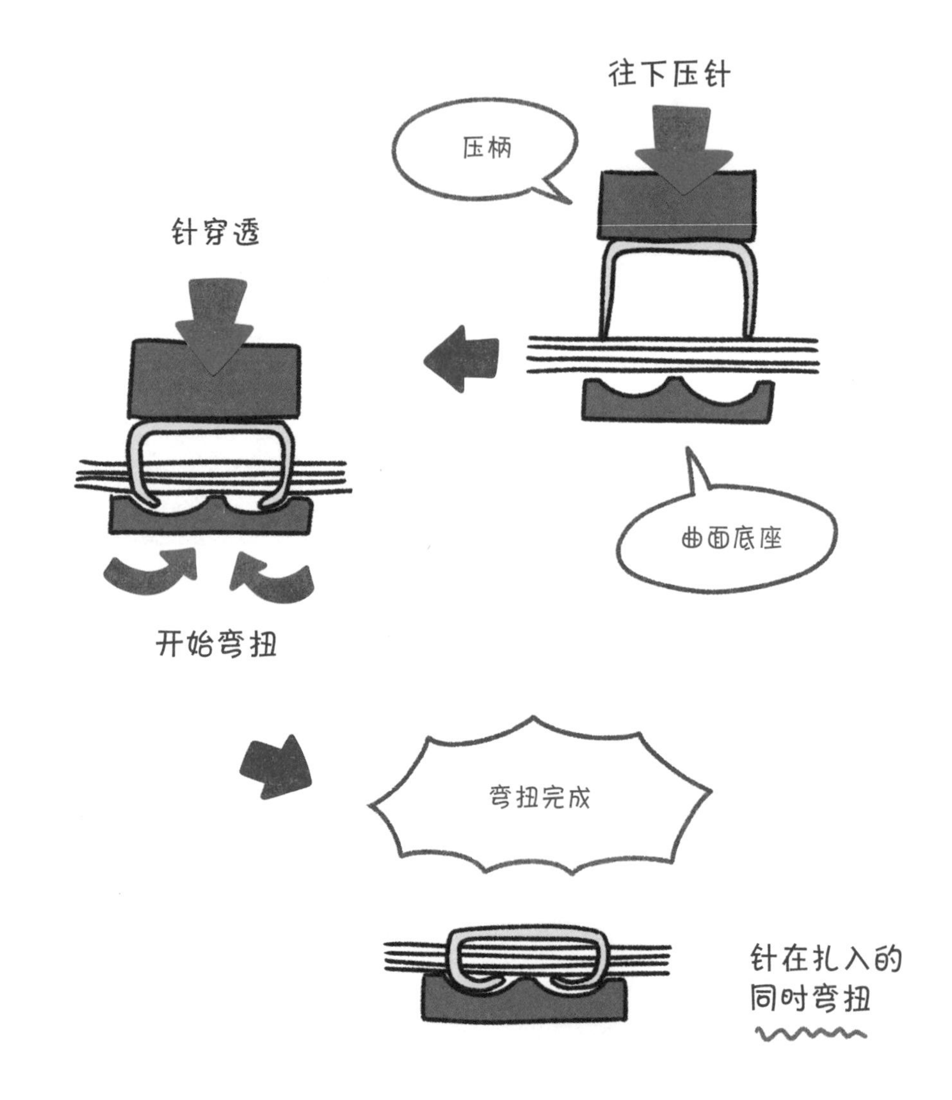

意外的是，大家都不太清楚订书机把纸订起来的原理。首先，针上部的压柄将被弹簧推出来的针扎入纸张。接下来，等针穿透全部纸张后，被压在下部的曲面底座上，向内侧弯扭。

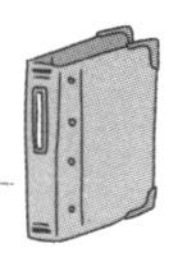

从蜈蚣形针向尖脚形针的变迁

订书机最早开发出来的时候，槽里装填蜈蚣形的针（金属板），要用极大的力敲打针，从而将纸装订起来。而现在，常见的是胶水粘起来的尖脚形针。一般情况下，用10号（No.10）针，1排有50个针，1盒则有20排（1000针）。

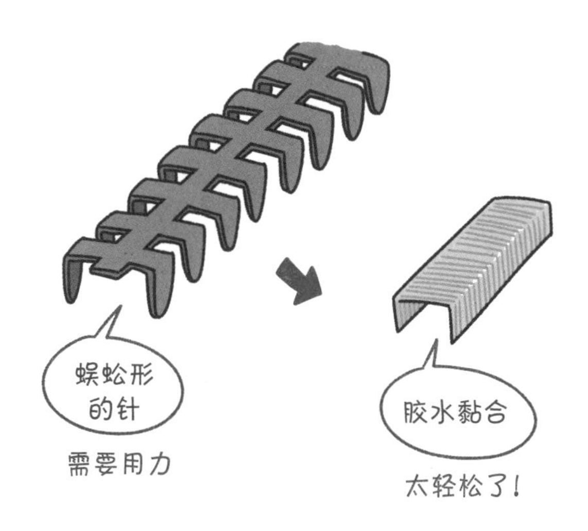

多亏了杠杆原理

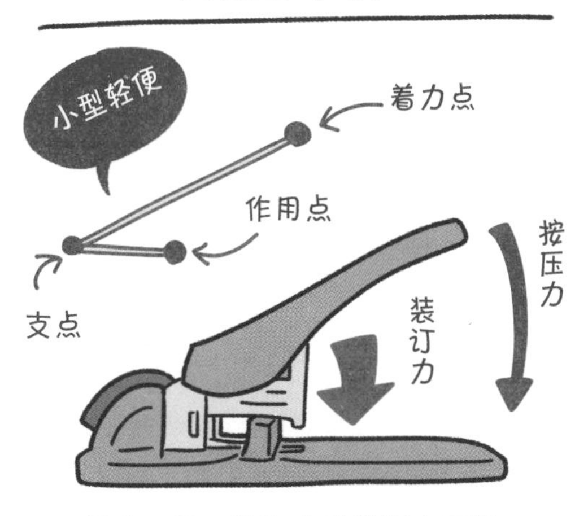

距离不同，装订力的增幅也不同

无论是哪种尺寸的订书机，都采用了杠杆原理。在使用大型订书机时，能更明显体会到杠杆的好处。因为此时会加长支点和着力点之间的距离，缩短支点和作用点之间的距离，从而用很小的力就能产生很大的力，轻轻松松将厚纸板以及多张纸装订起来。

杠杆越多越好，推荐女性使用

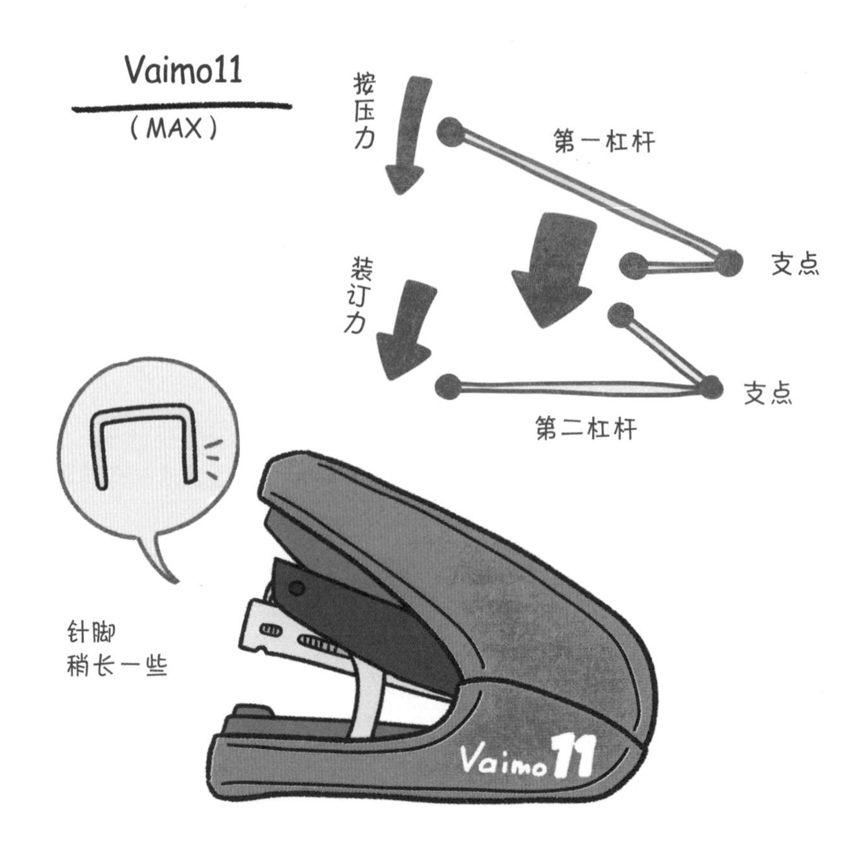

采用双重杠杆，不仅小巧轻便，
而且装订力也很强大

外形小巧轻便、稍稍用力就能装订的订书机，尤其推荐女性使用，各大公司制造商都生产制造。这种订书机的秘密在于，采用双重杠杆（支点）的结构。其中之一是 MAX 的“Vaimo11”系列，拥有双重杠杆构造，采用比普通针长 1mm 的 11 号（No.11）专用针，能够一下子装订大约 40 张纸，是从前的数倍。顺便提一下，商品名“11”就源自这款专用针。

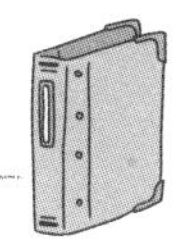

没有针，既环保又安全

Kokuyo 的“Harinacs”系列订书机，不用针就能进行装订，不仅对环境友好，用起来也安全。其中，手持式的 10 枚款型采用将纸打孔后往内折的构造，小巧便携，能够一次装订 10 张纸。此外，如果有人觉得在文件上开孔总有点不太适合，那么我推荐使用“Harinacs press”（装订纸张约为 5 张）。这款订书机通过金属齿对纸面施加强力，无须开孔就能将文件订起来。

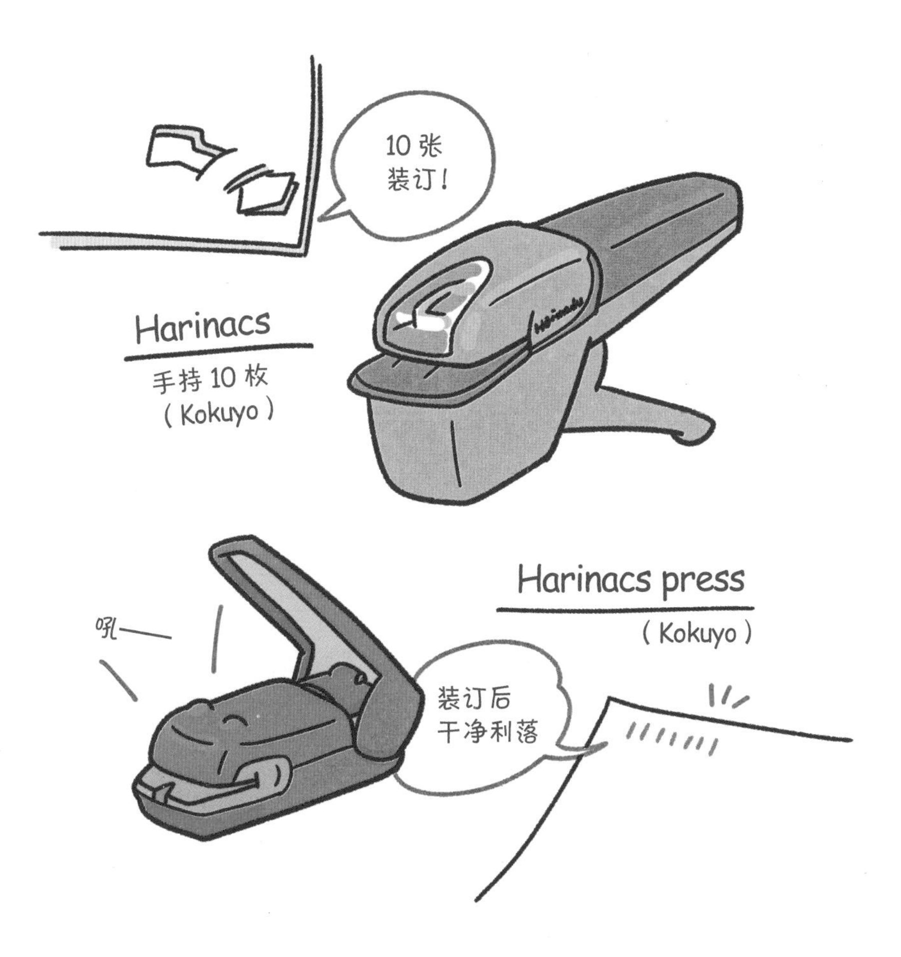

便携式订书机，不限场所

介绍两款可以放入铅笔盒随身携带的小型订书机。Midori的“XS Compact Hotchkiss”，锁住之后折叠起来，只有橡皮那么小。此外，Sunstar 文具的“Stickyle Stapler”为直径18mm 的棒状，正好能塞进铅笔盒。

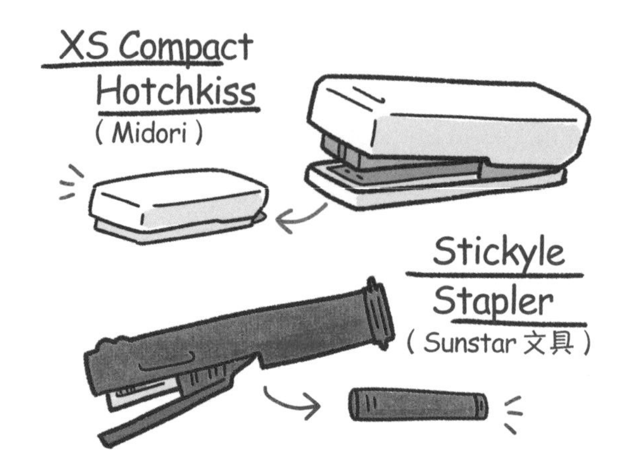

跟文件的土崩瓦解说再见

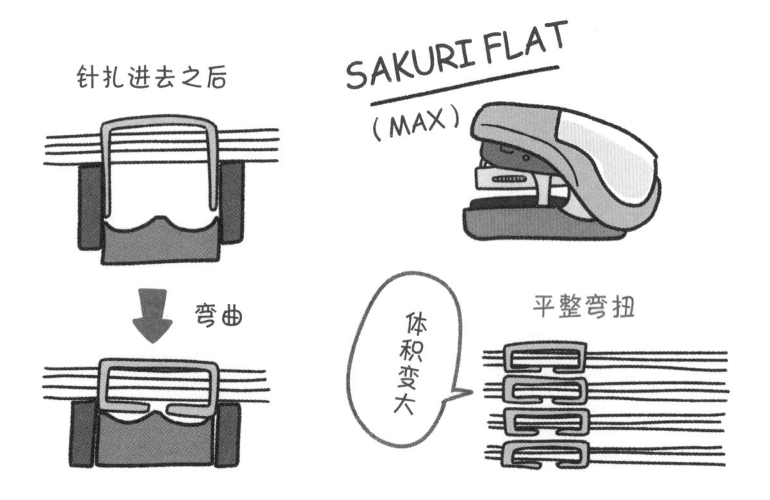

用订书机装订好的纸，如果几份摞在一起，订书钉突出部分重叠后体积变大，就很容易引起文件土崩瓦解……MAX 的“SAKURI FLAT”，采用平整弯扭的技术，使得针下方的弯曲处非常平坦，装订部分也不会变厚。

可旋转的订书机

MAX 的“Hotchkuru” 订书机，订书钉伸出部分可以左右旋转 90 度角。不仅能够装订书册中缝，在制作稻草圈、筒、箱等纸工艺品时也极其便利。

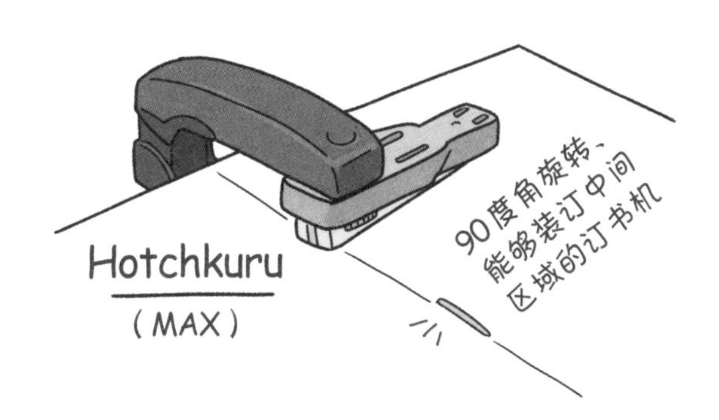

拔除订书钉专业户

专栏

一般我们会用订书机尾部的“remover”部分来拔除订好的书钉，但这样常常会将薄纸弄破。如果使用 Sunstar 文具的“Haritoru-pro”，只需握住手柄，让前端穿过书钉，便能干净利落地拔出书钉。

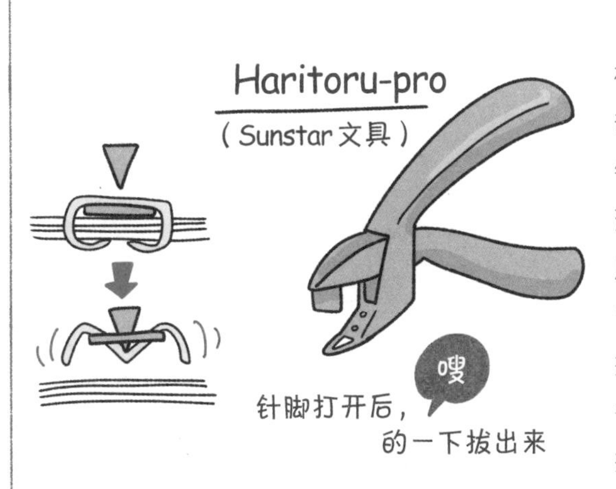

夹子

回形针的发明

用于夹住纸的夹子家族中，回形针（Gem Clip）属于代表选手。1890年，英国的Gem Manufacturing Company发明了回形针，所以有“回形针的名称便源于此”的说法，但并无定论。作为东京银座伊东屋标志的红色回形针，也被认为是日本文具的一个象征性品类。

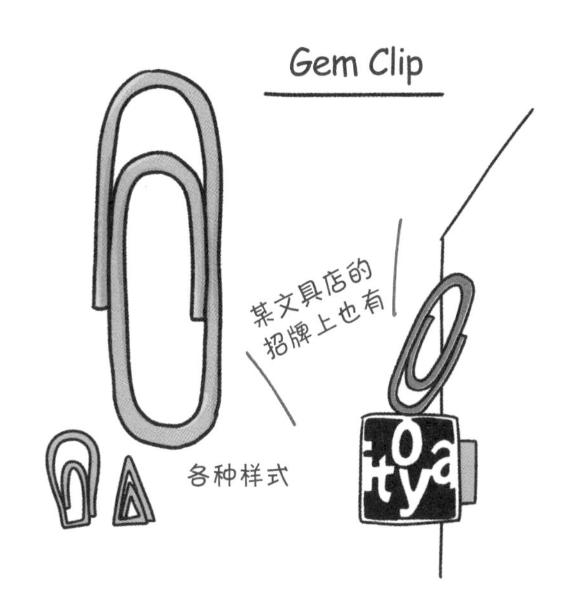

为何是大圆眼珠？

有一种夹子，夹柄部分的洞看起来像眼睛一样，因此被叫作“眼珠夹”“蛇眼夹”。这个洞的作用并不明确，不过可以挂在钩子上，也能用绳子穿起来。它依靠弹簧的强力夹住东西，因此适合纸张张数多的情况，在长尾夹出现之前被普遍使用。

长尾夹——办公好伙伴

作为眼珠夹的替代品，此后“长尾夹（W夹）”成了主流。它同样可以夹住很多张纸，特别之处是夹柄可折叠，不会造成妨碍。长尾夹的价格也很合理，如今是办公室的必需品。顺便提一下，之所以叫“W夹”，是因为横过来看形状近似于字母“W”。

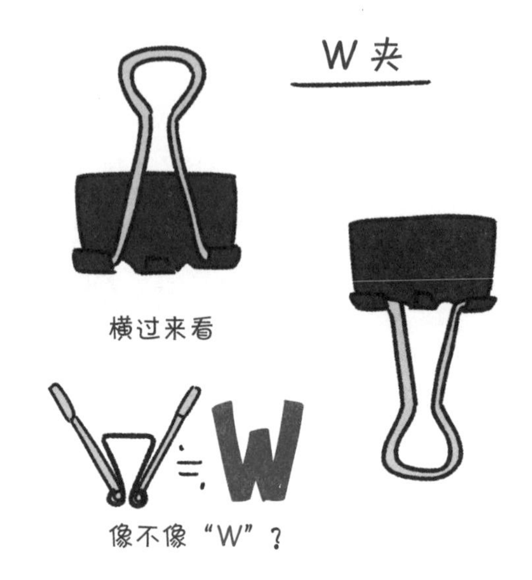

没有夹柄，只要有夹口就行

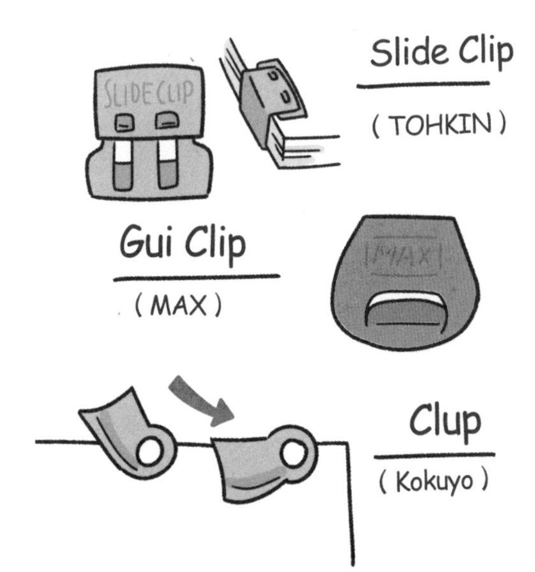

对有些人来说，“回形针夹力不够”“长尾夹有点硬、不好用”，那么可以试试没有夹柄的小型款式。TOHKIN 的“Slide Clip”是将夹套的一部分插入纸张并往下推，“咔嚓”一声后，纸就被夹住了。MAX 的“Gui Clip”只需直接向下夹，就能把纸装订起来。Kokuyo 的“Clup”则是将文件插入夹口后旋转按压，从而实现装订的效果。

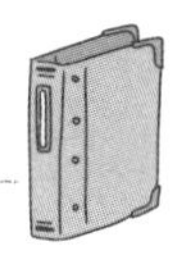

“咔嗒”一声固定的长期热销品

1980 年，OHTO 发售的“Gachuck”是连续推出式夹子的先驱。将专用的补充夹填充到推夹器中，前端对准文件后推动滑块，能在不损伤文件的前提下牢牢地夹住纸张。最近，一款名为“3WAY Gachuck”的产品引起了热议，只需一个推夹器，就能使用厚度不同的三种补充夹。

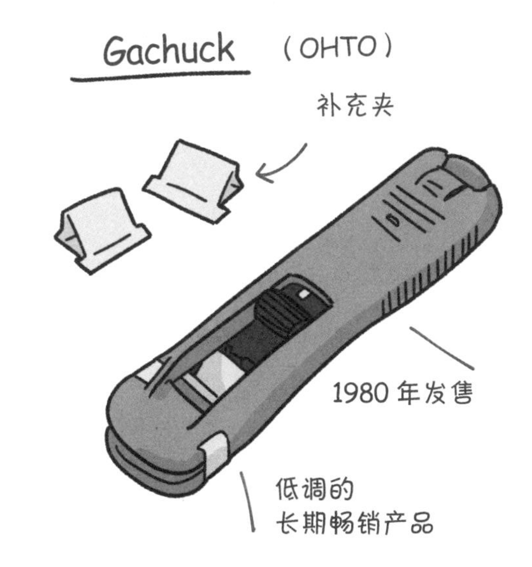

在办公室使用更有乐趣

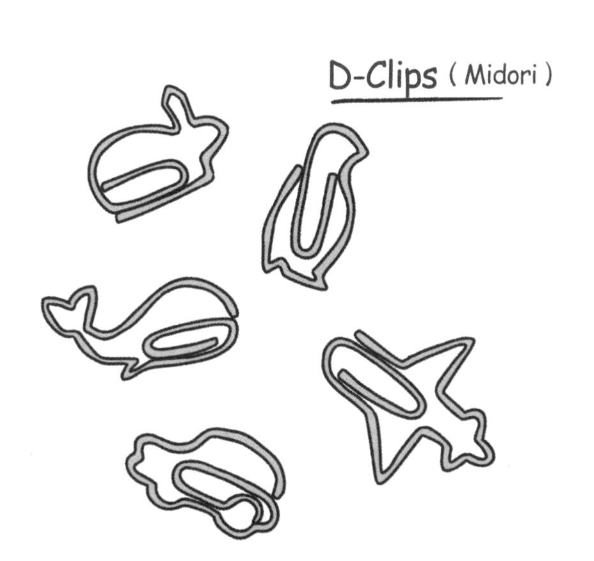

近来常见五彩缤纷、各式各样的回形针，与其说是文具，倒更像是杂货。Midori 的“D-Clips”，囊括了从动物到交通工具等各种形状的回形针。夹住纸张后，它们栩栩如生的轮廓便呈现于眼前，既可爱又治愈。

文具周边史 3 办公室

办公室和文具密不可分

从前，办公室的景象是“灰色的”

20 世纪 60 年代，日本职场组织延续军队式的等级制度：部长、课长、股长等职务下面，再配备几名下属的形态。办公室内的格局也效仿组织形态，一般来说有领导一人在前、其他人朝向他坐的教室型，或者下属们面对面坐的岛型。

当时，大多数办公用具都是灰色的，桌子、椅子、橱柜等都采用钢铁材质，取代了此前的木制家具。

说起当时主要的办公用品，有算盘、铅笔、笔记本等。圆珠笔进入日本后，起初因为价格高昂，大家就在笔头的圆珠上蘸墨水，当作“蘸水笔”使用。多数情况下，公司会在统一购买文具后再分配给员工。

办公自动化后丰富多彩的办公室

从 20 世纪 60 年代末到 70 年代，“企业战士”“猛烈员工”等说法大

为流行，经过这段高速成长期后，日本进入泡沫经济最顶峰的 20 世纪 80 年代，当时四处纷飞的广告语为“可以 24 小时战斗”。随着传真机、复印机、文字处理机的普及，以及从大型计算机到小型电脑的过渡，办公自动化的浪潮袭来，“灰色的”办公室风景也开始发生变化。

随着办公自动化潮流的推进，各办公用具制造商针对办公自动化的整体

搭配开始在办公家具上下功夫。顺便提一下，正是这个时候，像隔板（屏风）等划分个人办公桌和空间的系统家具也登场了。这些办公家具多为米黄色和象牙色等明亮系配色，并加上蓝色、红色等五彩缤纷的点缀色。

同时，作为办公室常用文具，便签等划时代产品陆续登场，至今仍是不灭的经典款。办公文具在慢慢变化，办公家具的颜色和设计也愈加多样化，办公室变得明亮多彩起来。

人人使用自己喜欢的文具

20 世纪 90 年代，随着日本泡沫经济破灭，企业的业绩停滞不前，对于办公室环境的投入也很低迷。然而，办公自动化的潮流并未停止，随着 Microsoft 的“Windows”登场，电脑的普及率一下子上升，“员工人手一台电脑”的时代来临了。

从那时起，办公方式的理想状态加速发生着变化。从局域网到互联网的扩大，并伴随着高速宽带通信的登场，到了 21 世纪初，“员工人人都有电子邮箱”已成为常态。近来，在笔记本电脑低价化和无线网络（WiFi）普及的互相作用下，产生了无固定座位办公室、办公室以外场所（自家、咖啡馆、共同工作空间）办公等工作模式。

这些变化，并非和文具无缘。随着电脑的引入以及无纸化的推进，文具的亮相频率瞬间减少了。尤其在 2008 年 9 月的雷曼危机后，不少公司为

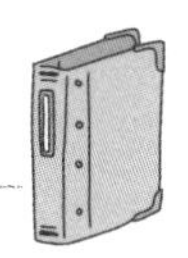

削减成本，提倡文具公有化，不再一一发放给个人，并鼓励大家自行购买。

然而，回过头来看，随着工作模式、办公环境的变化，也可以说是为我们生成了新的选项——“人人使用自己喜欢的文具”。并不一定要使用统一发放的文具，而是被更有个性、更好用的文具所包围，在这样的职场环境中工作，我想也不坏吧。

第四章

充满细节的分类收纳文具

可开孔文件夹

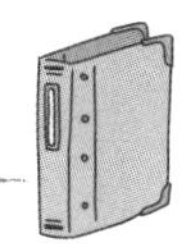

可装订资料的环状文件夹

经典的 2 孔文件夹

在日本，2 孔为可开孔文件夹的主流。1904 年，德国制的 2 孔打孔机初次引进日本，以此为开端。2 孔文件夹中最简单的环状文件夹，优点是能够装订许多资料，便于放入和取出想要的页数。环状文件夹还包括易翻开的 O 型文件夹，以及使资料侧面保持整齐的 D 型文件夹。

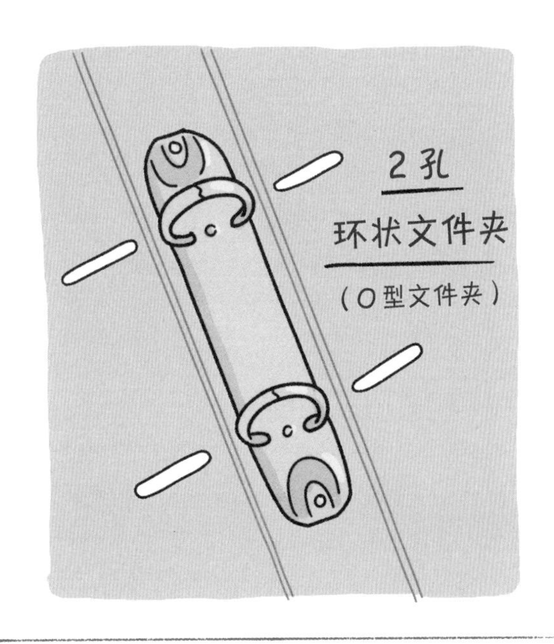

孔的数量越多越牢固

文件夹除 2 孔以外，根据孔数不同还有各种类型。以 A4 尺寸为例，有 4 孔和我们熟悉的活页 30 孔。一般来说，孔数越多，强度越高，孔的周边也越不容易破。因此，多孔文件夹适用于阅读频率高的文件，以及财务、法务相关的重要资料。

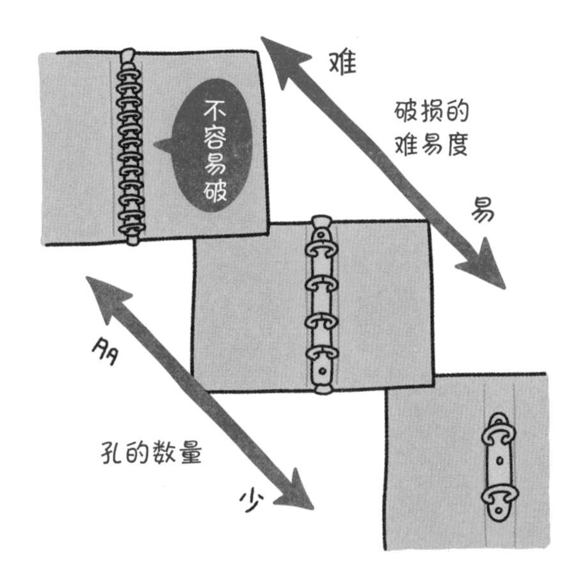

纸张数变化，文件夹也要改变

虽然轻薄，但非常好用

平面文件夹是一款装订时将扣脚穿过纸制品，再通过别扣固定的文件夹。非常轻薄，适合装订少量纸张，小型紧凑便于保管。起初，扣脚是马口铁制的，有易弯曲、易戳破文件等问题。1956 年，Kokuyo 公司为改善此问题开发出了聚乙烯材质的扣脚，沿用至今。

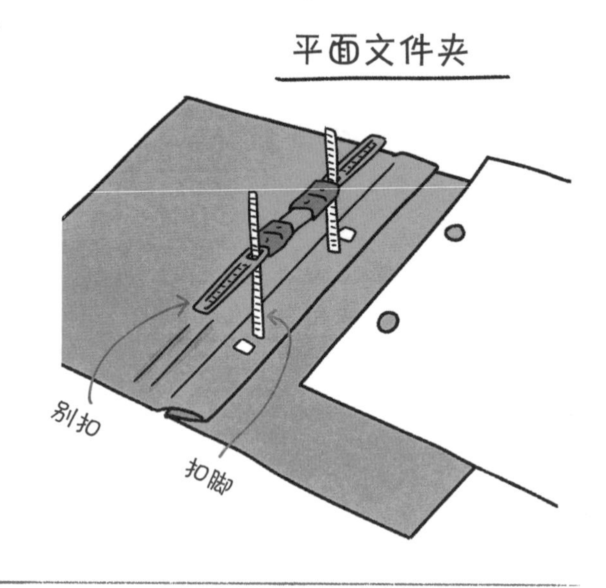

厚重的资料也不怕

管式文件夹是通过将带芯的别扣插入文件夹的金属管中，实现固定。它的特点是在装订大量资料时非常牢固，适合厚度 50 ~ 100mm 的文件。管式文件夹基本都为单开式，但也有正反两面都能打开、便于取出底部文件的双开式。

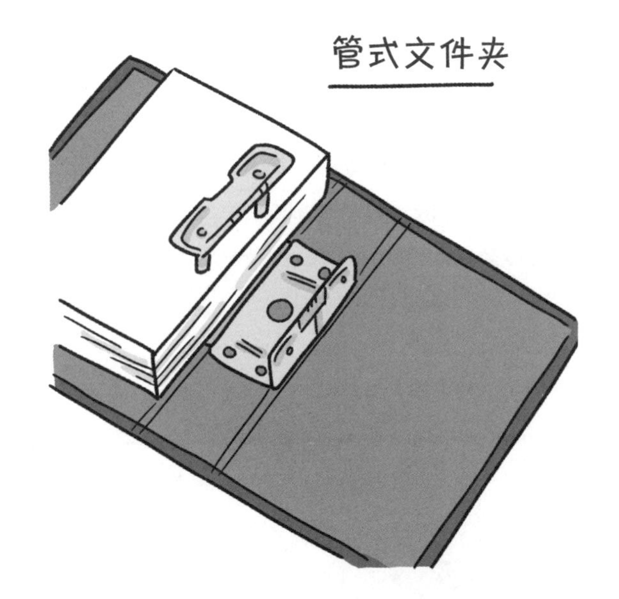

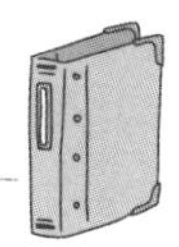

打孔也有匠心设计

打孔器首选 CARL

用来开孔的工具被叫作“打孔器”。CARL 事务器公司的“Alisys”是优选，它采用双重杠杆构造，跟之前的打孔器差不多尺寸，但只需要一半力就能开孔。此外，日本工业规格针对 2 孔的情况有特别规定：孔的直径约为 6mm，2 个孔中间的间隔约为 80mm，从纸张一端到孔中心的距离约为 12mm。

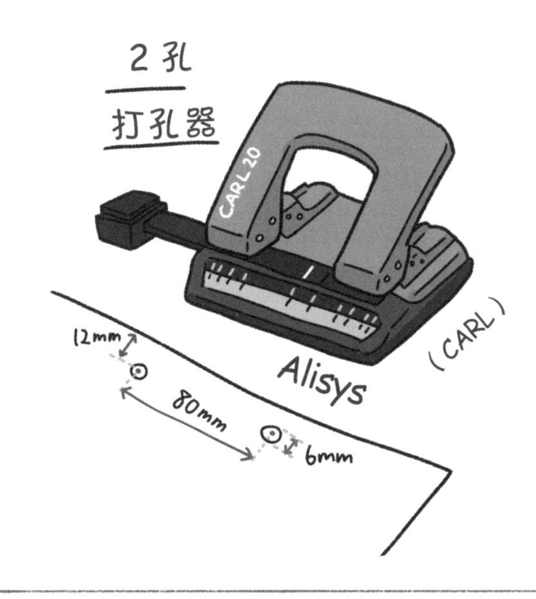

一键式防止圆孔破裂

如果频繁地取放文件和阅读资料，圆孔周围容易破掉，纸张就会从文件夹里掉出来……这时候，便需要贴纸来强化圆孔周围的区域。Kokuyo 的“One-Patch Stamp”像印章一样，只要用手轻轻一按就能在相应位置打上保护贴纸，简单好用，很有人气。

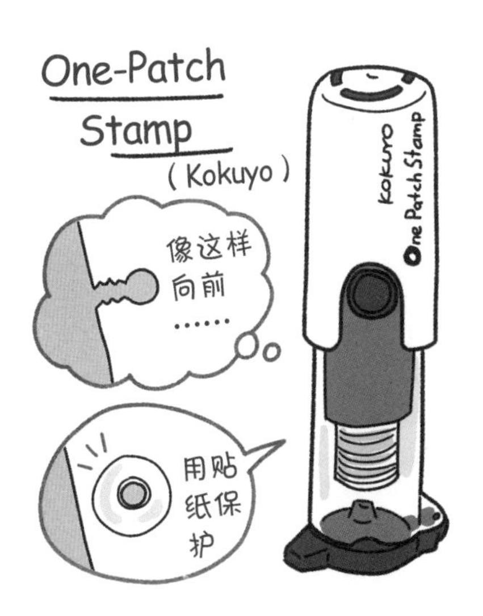

不可开孔的文件夹

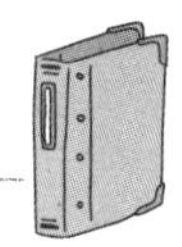

缺口是有意义的

厚纸对折后、在里面夹上文件，便是最初的文件套。而现在，普遍都是能看到里面、方便管理的聚丙烯材质的透明文件套。顺便提一下，透明文件套右上部有个半圆形缺口，右下部有个三角形缺口，前者是为了方便翻开文件套；后者则是避免力全部集中在连接处，防止破裂。

袋子里也可以放文件

订有多个透明袋子的袋式文件夹（透明文件夹），于1961年由TEJI公司以“New Holder”的商品名称发售。从袋子上部放入文件的款式最为常见，也有文件不易掉落的侧放式，以及方便拿取的透明文件套式。针对透明文件套式，带有防脱落挡条的产品用起来更安心。

适合随身携带或固定存放的文件夹

像手风琴一样的文档文件夹

文档文件夹的内部用袋子区隔，以手风琴状展开，能够收纳大量文件。按月份、科目、种类等，每个袋子都可以分门别类，非常便于管理。而且，文档文件夹以皮包型居多，随身携带很方便。

盒子里面是什么

盒式文件夹可以将轻薄的单个文件套和透明文件套收纳起来。盒子侧面记录分类和内容，便于收纳，适合需要长期保管的大量文件。近些年，除了横型盒式文件夹外，收纳物背部可见的竖型盒式文件夹也多被使用。

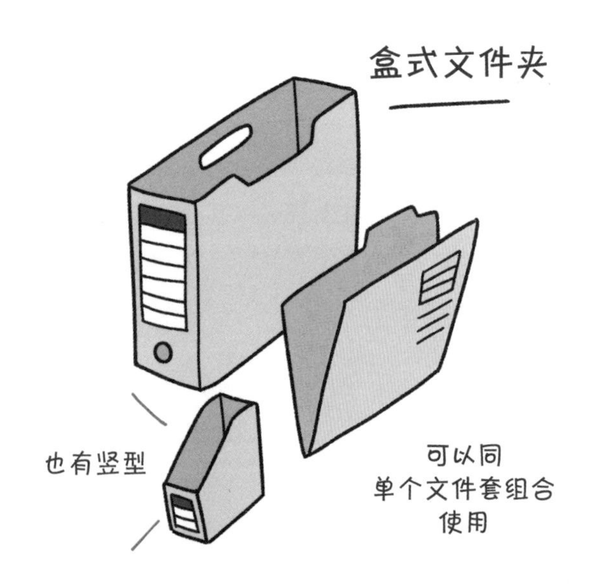

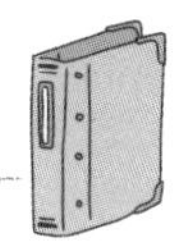

别扣的外观是“Z”字形

强力文件夹（Z式文件夹）无须开孔就能整理文件。下压别扣的手柄，利用弹簧强力将纸夹起来固定。它无法夹太厚的东西，而且翻开纸张时容易有折痕，不适合需要频繁阅览的文件。此外，强力文件夹无须开孔，能够自由拔插，便于短期和暂时保管。

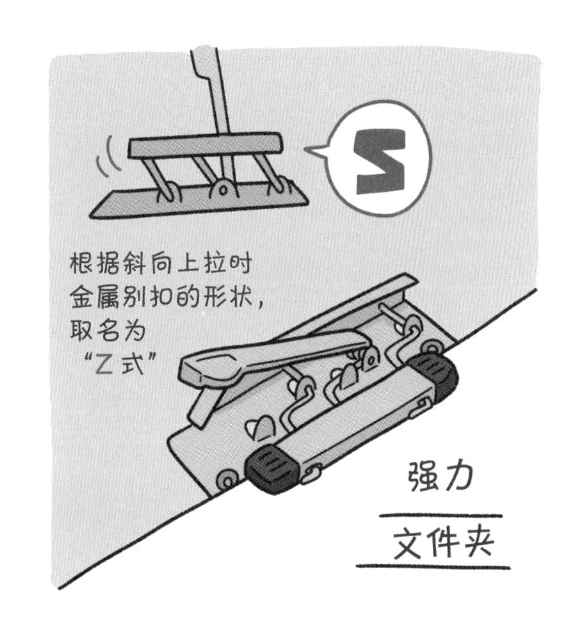

印刷物品瞬间成册

拉杆式透明文件套的优点是只需将纸张夹在透明文件夹中，背部插入拉杆即能成册。多用于制作企划、演讲时用的资料。拉杆是滑动式的，能够立刻拆下，便于文件更换。

相册

寄托回忆的地方

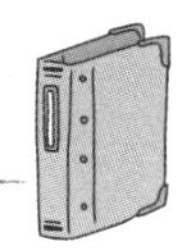

每个人都能找到适合自己的相册

推荐给懒人的插页式相册

插页式相册是在透明袋子里插入相片的款式。这种相册的优点是拿取相片容易、比较轻盈且便宜。因此，如果你拍了许多照片且仅仅想有个地方保管，即作为临时记录保留，而不想费时间整理，推荐插页式相册。

推荐给讲究派的自粘式相册

自粘式相册是把照片贴在带黏性的衬纸上，再覆一层聚丙烯薄膜的款式。照片以外的纸类等也能自由组合。优点是薄膜可以阻隔空气，能够防止照片氧化和褪色，且保存相片时可以自由布局。如果想把重要的相片作为珍贵记忆保存下来，这就是不错的选择。

个性化相册

趣味十足的剪贴簿

带胶相册出现之前，剪贴簿一直被当作相册使用。在 20 世纪 80 年代，不仅是粘贴相片，还可以在上面做各种装饰的拼贴本，作为一种手工爱好在美国诞生了。在日本，能够自由粘贴相片、用纸胶带进行装饰的剪贴簿也很流行。

相册界的“革命家”

Nakabayashi 公司的“Fueru 相册”，用补充螺丝调整相册厚度，能够随时增添衬纸，是日本的经典款产品。1968 年出现的补充螺丝构造，是从无线电的棒状天线中获得灵感。它的崭新性、高品质、持久性，给相册界带来了一场革命。

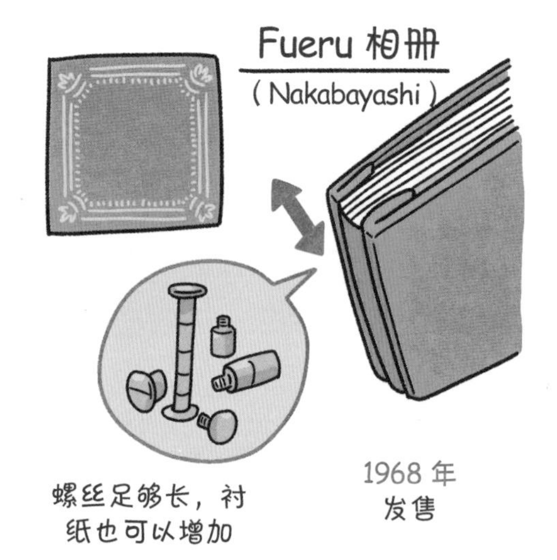

各种各样的相册衬纸

左页介绍的 Nakabayashi“Fueru 相册”，魅力在于可根据不同目的和用途选择各种各样的衬纸。以下将为大家推荐几种衬纸。

想写文字，想画插图

“Light 衬纸”是一种轻薄、能书写的衬纸。用普通的笔记用具就能在上面写字、画画，推荐给想要装饰相册的人。优点是轻薄、节约收纳空间。

希望相册可以更持久

Nakabayashi 的“100 年衬纸”采用铝箔，“Placoat 衬纸”则采用 PET 胶膜对衬纸表面进行覆膜处理。因此，这类衬纸不容易变色变形，比一般衬纸拥有更强的持久性。此外，PP 材质的胶膜将衬纸整体覆盖，比起之前的商品，这两款更能防止喷墨打印照片褪色。不论多久，都能在相册中保持美观。

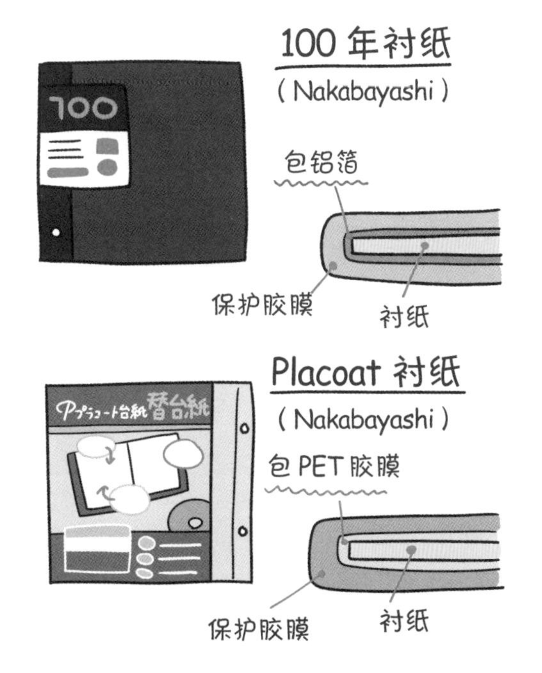

文具周边史 4 手账

热爱手账的生活方式

日本的手账历史

日本的手账历史可以追溯到 1868 年，当时是由日本政府的印刷局生产警察和军人用的手账。1912 年，位于横滨马车道的文具店文寿堂开始售卖面向大众的手账。

19世纪80年代，给员工发放的“年玉手账”登场了。这并非现在听惯的说法，手账上印着公司名称、经营方针和社规。除此之外，还有年龄对照表、度量衡一览表等信息，也能提高员工对公司的归属感。

结果是，这种年玉手账不仅为本公司员工使用，还作为答谢客户的礼品四处发放。随着日本泡沫经济破裂，遭遇经费缩减的苦头，但基于此前的习惯，“手账不应购买，而是礼赠”的认知根植于大多数日本人心中。

系统手账的流行

1984 年，有一件大事席卷了日本文具业界。那就是 Filofax 的系统手账登陆日本。选品杂志和时尚杂志纷纷对它做大型专题介绍，一瞬间，系

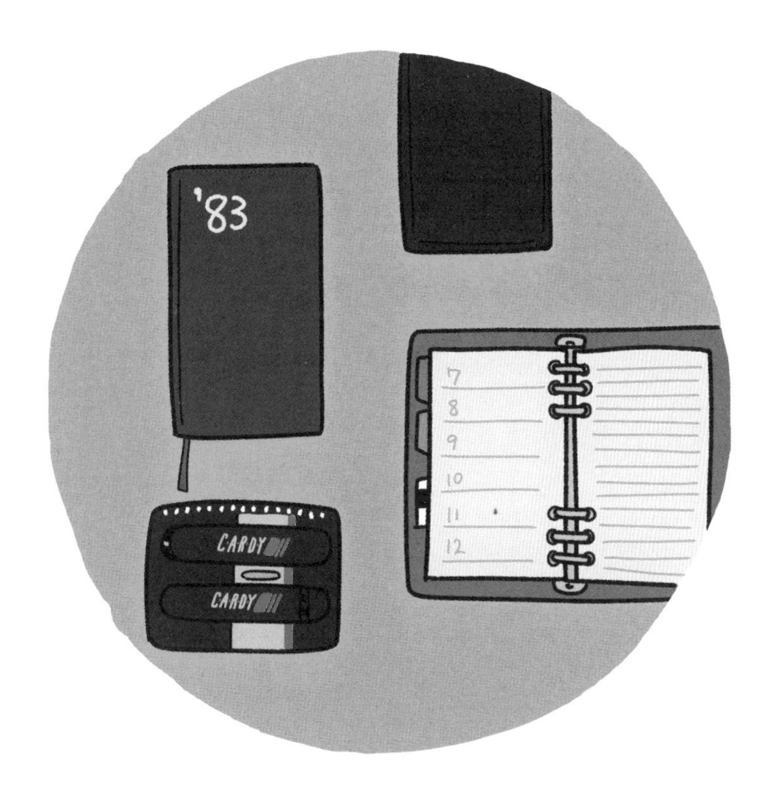

统手账引发了热潮。

Filofax 是 1921 年于英国伦敦创立的系统手账先锋品牌。电影导演史蒂文・斯皮尔伯格、演员伍迪・艾伦、女演员黛安・基顿、设计师保罗・史密斯等，许多著名人士都爱用他家的系统手账。

该手账的特征为竖边 170mm× 横边 95mm，以及可自由增减补充用纸的 6 孔环状设计。事实上，这变成了系统手账的标准规格。补充用纸从最基本的笔记纸和时间表开始，到方格纸、地址簿、TO DO LIST、便签……除了纸以外，还有带拉链的透明袋、名片夹等多种多样的形态。人们可以

自由组合补充用纸，制作只属于自己的手账，不仅方便，而且很有乐趣。

也许系统手账的流行是一个重大转折点，让过去作为礼赠的手账，一举变为很多人要买的东西。

智能手机时代，手账热度不减

20 世纪 90 年代，虽然系统手账的热潮慢慢平息下来，但从学生到商务人士，都养成了购买自己喜欢的手账使用的生活方式。文具店里也陈列着各种各样的手账。

在这个时期，电脑开始成为生活中的常客，电子手账和掌上电脑初试啼声。这些产品获得了商务用户客群和电子爱好者的青睐，但对一般人来说门槛还是很高的。然而，苹果公司在 2007 年发布了“iPhone”，又于 2010 年发布了“iPad”。此后，使用智能手机和平板电脑来管理日程表和备忘录的人越来越多了。

那么，这是否意味着纸质手账就要衰退了呢？当然不是，而且手账市场还有扩大的趋势，各品牌都在手账的好用程度上大下功夫。

其中的代表作要数原创手账品牌“HOBO 手账”。2002 年开始发售，截至 2017 年，日本有超过 66 万人喜欢用这款人气手账。优点是一日一

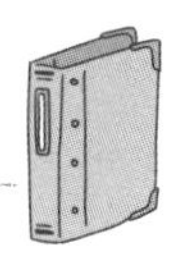

页纸的空间自由度很高，可 180° 摊开的线装装订，还有数种封套供选择。此外，它还积极听取用户的声音，竭力打造好用的手账。

一想到就立刻写下的便利性、满足你占有欲的设计、备忘录和日程表可前后对照的一览性等，这些只有纸质手账才拥有的好处，绝对不会褪去光辉。结合最新的设备一起使用，从今往后，手账也将一直被人们深爱。

后记

懂事之前，我就很喜欢画画，属于那种只要一有空就会画点什么的孩子。我会用蜡笔、铅笔、马克笔等，将传单背面当作胡乱涂画的本子。在什么上面画、用什么工具画，画出来的东西千差万别。现在回过头看，当时无意识感受到的东西，也许正是我和“作为工具的文具”的邂逅。

近来所谓的“文具热潮”，是每天电视、杂志上关于最新文具信息的热门报道。本书以某一品类文具的诞生为切入口，将发售至今一直被大家深爱着的文具作为焦点而策划的。这些年，随着电脑和智能手机的普及，“工具”的存在感愈发淡薄，由此而生的实用性的东西，正是形成现在丰富多彩的“文具文化”的基础。

对于喜欢画画、喜欢文具的我来说，这本书的创作如同做梦一般。我一边在公司上班一边撰写，整个过程超乎想象的艰难，多亏大家的理解和帮助，最后总算是成形了。借此向你们表示衷心感谢。仅有的一点遗憾，就是书中没有介绍到的文具。因此，我不会就此搁笔的。在将来持续作画的途中，总有一天能在某处再度相见。

吉村茉莉

20 世纪 80 年代，大学毕业后的我作为新员工入职了一家大型文具公司，担任产品开发和市场方面的工作。那是日本办公环境发生巨大变化的时期，文具业界也充满了活力。我能有机会近距离接触大热的迷你文具套装、眼看电子文具的诞生，并且邂逅了许多同道中人，收获了不少宝贵的经验。

到了 20 世纪 90 年代，我换到日本最早的 Macintosh 专门杂志工作。互联网和数码影片等现在看来很平常的技术诞生并渗透到社会中，我在最前线深有体会。

本书中，我用自己在这些年积累的知识和经验撰写书稿。真是一段既让人怀念又充满乐趣的时光啊！由衷感谢为本书提出策划的 X-Knowledge 公司书籍编辑部的新谷光亮先生。

顺便提一下，我喜欢的文具“Mecrikko”并未在本书中登场，这是一种套在手指上便能麻利翻页的产品。如果有其他机会再作介绍。

丰冈昭彦